建筑材料试验检测

主　编　张玉稳　任淑霞
副主编　张玉明　程吉泉

U0286224

黄河水利出版社
·郑州·

内 容 提 要

本书主要对土木工程中常用的建筑材料的常规试验项目,依据技术标准,从试验目的、主要仪器设备、试验方法与步骤、试验记录与数据处理、分析及讨论等方面提供系统性、规范性的指导。全书共包括九章内容,具体包括建筑材料基本性质及其试验检测、水泥技术性质及其试验检测、骨料技术性质及其试验检测、普通混凝土技术性质及其试验检测、建筑砂浆技术性质及其试验检测、砌墙砖技术性质及其试验检测、钢筋技术性质及其试验检测、石油沥青技术性质及其试验检测、沥青混合料技术性质及其试验检测等,均依据现行相关国家标准、行业(部颁)标准进行编写。

本书可作为高等学校土建类专业的试验教材,也可作为高等职业院校、中等职业院校实习、实训教材或参考书,还可作为试验检测技术人员的工具书。

图书在版编目(CIP)数据

建筑材料试验检测/张玉稳,任淑霞主编. —郑州:黄河水利出版社,2017.11

ISBN 978 – 7 – 5509 – 1910 – 5

I.①建… II.①张…②任… III.①建筑材料 – 材料试验 – 高等学校 – 教材②建筑材料 – 性能检测 – 高等学校 – 教材 IV.①TU502

中国版本图书馆 CIP 数据核字(2017)第 296768 号

组稿编辑:李洪良 电话:0371 – 66026352 E-mail:hongliang0013@163.com

出 版 社:黄河水利出版社 网址:www.yrcp.com
地址:河南省郑州市顺河路黄委会综合楼 14 层 邮政编码:450003
发行单位:黄河水利出版社
发行部电话:0371 – 66026940、66020550、66028024、66022620(传真)
E-mail:hhslcbs@ 126. com
承印单位:河南承创印务有限公司
开本:787 mm × 1 092 mm 1/16
印张:9.5
字数:220 千字 印数:1—2 000
版次:2017 年 11 月第 1 版 印次:2017 年 11 月第 1 次印刷

定价:18.00 元

前　言

　　建筑材料课程是土建类专业一门重要的专业基础课,该课程的最显著特点就是实践性强。而《建筑材料试验检测》则是建筑材料课程的一个不可或缺的重要组成部分。通过建筑材料试验,主要使学生了解常用建筑材料的主要技术指标的检测评价原理,熟练掌握检测手段、技能以及试验结果分析处理的方法,以具备对建筑材料品质进行检测的基本能力,为今后从事相关专业工作打下坚实的基础。

　　《建筑材料试验检测》依据现行相关国家标准、行业(部颁)标准进行编写,从基本概念、技术标准出发,主要从试验目的、主要仪器设备、试验方法与步骤、试验记录与数据处理、分析及讨论等方面,为教师和学生在试验准备、试验操作全过程等提供系统而规范性的指导。在教学过程中如遇新标准、新规范颁布实施,应参照最新标准、规范执行。

　　本书所涉及的内容主要为建筑材料的常规试验项目,教师在试验教学中可根据专业特点和教学大纲的要求有针对性地选择试验内容。

　　本书包括九个方面的试验内容,分九章编写。其中第一章、第二章由山东农业大学任淑霞副教授编写,第三章至第五章由山东农业大学张玉稳高级实验师编写,第六章、第七章由山东农业大学张玉明讲师编写,第八章、第九章由山东农业大学程吉泉讲师编写。全书由张玉稳、任淑霞主编。

　　由于编者水平有限,本书缺点或不妥之处在所难免,恳请广大师生和读者在使用过程中提出宝贵意见,以便今后改进。

编　者

2017 年 10 月

前　言

学生试验守则

建筑材料课程是一门实践性很强的课程，《建筑材料试验检测》是建筑材料课程的一个重要组成部分，也是与课堂理论教学相匹配的一个重要的实践性教学环节。通过建筑材料试验，一是使学生熟悉、验证、巩固所学的理论知识；二是使学生熟悉主要建筑材料的技术指标要求，并具备进行相应质量检测评定的能力；三是使学生受到科学研究的基本训练，培养其分析问题、解决问题的能力。为此，要求学生必须做到以下几点：

（1）试验前做好预习，了解本次试验的目的、原理、试验步骤、主要仪器设备的操作要点、试验数据的分析处理方法等。

（2）要树立严谨的工作态度。试验时，要仔细观察试验过程，准确测定试验数据，详细做好试验记录，注意发现问题和分析问题。及时将测试数据交由指导老师进行审查，对数据误差超过规定要求的试验应予以重做。

（3）在试验过程中，要爱护试验设备，遵守实验室的规章制度，尤其要注意安全制度，严禁违规操作，杜绝发生人身伤亡事故或损坏仪器设备。为此，在正式操作前，应在指导老师的指导下，熟悉仪器设备的使用方法，切实掌握其工作性能、特点和操作规程。凡在试验过程中，因不慎损坏仪器设备或丢失仪器中的附件，均应及时主动报告指导老师，并按实验室有关规章制度处理。

（4）各试验环节结束，小组成员应及时清洗或擦拭所用的仪器设备，并将试验废弃物、杂物等清理干净，放到指定地点，不得随意丢弃，更不能放入自来水槽中而堵塞下水道，确保仪器设备清洁，实验室环境整洁。

（5）试验完毕，各小组应认真填写好试验卡片，由指导老师审阅签字后方可离开实验室。

（6）应及时、独立完成试验报告。在试验报告编写过程中，应复习相关的理论知识，使其得以消化和深化。

（7）在整个试验过程中，应严格按照现行的国家或行业（部颁）技术标准及试验规程进行，一般包括选取试样、确定试验方法、试验操作、试验数据分析处理、填写试验报告（或表格）等过程。

目　录

第一章　建筑材料基本性质及其试验检测

第一节　建筑材料基本性质

建筑材料是土木工程中使用的各种材料和制品的总称,是构成土木工程建筑物的物质基础。建筑材料性能对于建筑物性能具有重要影响,建筑材料质量更是决定工程质量和耐久性能的关键因素。为使建筑物获得结构安全、性能可靠、耐久、美观、经济适用的综合品质,必须合理选择与正确使用材料。为此,必须掌握建筑材料的性质及其质量检测方法,以便于选用质量合格的建筑材料。同时在工程实际中还应注意,建筑材料使用在不同的建筑物中,处于不同的环境,起着各种不同的作用,对其性能要求有所侧重。

一般来讲,建筑材料基本性质包括物理性质、力学性质、化学性质等。而建筑材料基本性质主要指其物理力学性质,如材料与其结构、构造有关的性质(材料的密度、表观密度、堆积密度、孔隙率、空隙率)、材料与水有关的性质(材料的亲水性、憎水性、吸水性、吸湿性、耐水性)、材料与热有关的性质(材料的导热性、热容量、比热)、材料的力学性质(强度、弹性、塑性、脆性、韧性、徐变松弛)、材料的耐久性(耐候性、耐水性、抗渗性、抗冻性)等。这些基本性质的概念教材中均有详细介绍,在此不另赘述。

第二节　建筑材料基本性质试验检测

建筑材料基本性质内涵丰富,相应的性能试验项目较多。对于不同材料,测试的项目应根据用途及具体要求而定。以下主要介绍材料密度、表观密度(视密度)、堆积密度、吸水率等基本物理性质指标试验。

试验要求:掌握材料的密度和表观密度的测定原理和方法,计算材料的孔隙率及空隙率,从而了解材料的构造特征;掌握材料吸水率的试验方法。

一、密度试验

密度是指材料在绝对密实状态下,单位体积(不包括开口与闭口孔隙体积)的干质量,以 g/cm^3 表示。

(一)试验目的

密度是建筑材料的基本性质指标之一。通过测定密度和表观密度,主要用来计算材料的孔隙率和密实度,作为判定材料质量的指标之一。

(二)依据的规范标准

本试验依据《水利水电工程岩石试验规程》(SL 264—2001)进行。

(三)主要仪器设备

(1)密度瓶:又名李氏瓶,分度值 0.1 mL,见图 1-1。

(2)天平或电子秤:称量 1 kg,感量 0.001 g。

(3)恒温水槽、烘箱、筛子(孔径 0.20 mm 或 900 孔/cm²)、无水煤油、温度计、量筒、干燥器、漏斗、小勺等。

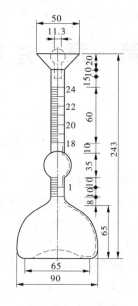

图 1-1　密度瓶(李氏瓶)
(单位:mm)

(四)试验方法与步骤

(1)试样准备:将试样研磨后,称取试样约 400 g,用筛子筛分,除去筛余物,放在(110 ± 5)℃的烘箱中,烘至恒重,烘干时间一般为 6 ~ 12 h,然后放入干燥器中冷却至室温备用。

(2)在李氏瓶中注入与试样不起反应的液体(如无水煤油),使液面达到 0 至 1 mL 刻度值之间。

(3)将李氏瓶放在水温为(20 ± 1)℃的恒温水槽中,使刻度部分完全浸入水中,并用铸铁支架夹住李氏瓶,以防浮起或歪斜。经 30 min,待瓶中液体与恒温水槽的水温相同时,读取并记录李氏瓶内液面(下弯液面)的刻度值 V_1,精确至 0.05 mL。

(4)用天平称取 60 ~ 90 g 试样 m_1(精确至 0.01 g),用小勺和玻璃漏斗小心地将试样徐徐送入密度瓶中,不准有试样黏附在瓶颈内部,且要防止在密度瓶喉部发生堵塞,直到液面上升到 20 mL 刻度值左右。

再称剩余的试样质量 m_2(精确至 0.01 g),计算出装入瓶内的试样质量 $m = m_1 - m_2$(g),精确至 0.01 g。

(5)用瓶内的液体将黏附在瓶颈和瓶壁上的试样洗入瓶内液体中,反复摇动密度瓶,使液体中的气泡排出;经 30 min,待瓶内液体温度与水温一致时,第二次读取下弯液面刻度值 V_2(精确至 0.05 mL),根据前后两次液面读数,算出瓶内试样所占的绝对体积 $V = V_2 - V_1$。

(五)结果计算与数据处理

(1)按式(1-1)算出试样密度 ρ(计算精确至 0.01 g/cm³)。

$$\rho = \frac{m_1 - m_2}{V_2 - V_1} = \frac{m}{V} \tag{1-1}$$

式中　m_1—— 备用试样的质量,g;

　　　m_2—— 剩余试样的质量,g;

　　　m——装入瓶中试样的质量,g;

　　　V_1——第一次液面刻度数,cm³;

　　　V_2——第二次液面刻度数,cm³;

　　　V——装入瓶中试样的绝对体积,cm³。

(2)材料的密度试验应以两个试样平行进行,以其结果的算术平均值作为最后结果,但两个结果之差不应超过 0.02 g/cm³;否则,应重新测试。

(六)密度试验记录与结果处理

密度试验(李氏瓶法)记录与结果处理按表 1-1 进行。

表 1-1　密度试验(李氏瓶法)记录与结果处理表

试验日期		环境温度(℃)		环境相对湿度(%)		
试验序号	密度瓶刻度值 (cm³)		绝对密实体积 $V = V_2 - V_1$ (cm³)	试样质量 $m = m_1 - m_2$ (g)	密度 ρ (g/cm³)	
	V_1	V_2			单值	试验结果

试验者:　　　　记录者:　　　　校核者:　　　　　　日期:

分析及讨论:

二、表观密度(视密度)试验

表观密度又称视密度,是指单位体积(含材料的实体矿物成分及闭口孔隙体积)物质颗粒的干质量,以 g/cm³ 表示。

(一)试验目的

测出形状规则或不规则石料的体积(含孔隙体积)及其质量,计算其表观密度,并为计算材料孔隙率、确定其体积及结构自重等提供必要数据。此外,通过测得的表观密度可估计材料的某些性质(如导热性、抗冻性、强度等)。

(二)依据的规范标准

本试验依据《水利水电工程岩石试验规程》(SL 264—2001)进行。

(三)主要仪器设备

(1)游标卡尺:分度值0.02 mm。

(2)天平:感量0.01 g。

(3)液体静力天平:感量0.01 g。

(4)锯石机、石蜡、烘箱及干燥器、漏斗、直尺等。

(四)试验方法与步骤

1.试件制作

1)游标卡尺法

对于形状规则的试样,将试样加工成立方体(或圆柱体)试件至少3个,多孔材料试样的最小尺寸不得小于70 mm,致密和微孔材料试样的最小尺寸不得小于50 mm。用毛刷刷去表面的碎渣,放入(105±5)℃的烘箱内烘干至恒重,并在干燥器内冷却至室温备用。

2)蜡封法

将试样加工成边长为 50 ~ 70 mm 的试件 3 ~ 5 个。

2. 形状规则试件试验(游标卡尺法)

(1)用天平称出试件质量 $m(g)$,精确至 0.01 g。

(2)用游标卡尺量测试件尺寸。当试件为立方体时,每个需要量测的面(长、宽、高)要量 3 处,取各自的平均数作为长、宽、高的尺寸。当试件为圆柱体时,可在其两个平行底面上,通过中心作两条相互垂直的线,沿此线量出圆柱体上、下底面和高度中央处 6 个直径与 4 个高度值,精确至 0.01 mm,各取其平均值作为试件直径及高的尺寸。

(3)根据上述尺寸按几何公式计算试件体积 $V_0(\text{cm}^3)$。

3. 形状不规则试件试验(蜡封法)

(1)称出试件在空气中的质量 $m(g)$,精确至 0.01 g。

(2)将试件放入熔融的石蜡中,1 ~ 2 s 后取出,使试件表面沾上一层蜡膜(膜厚不超过 1 mm)。如蜡膜有气泡,应用烧热的细针将其刺破,然后用热针带蜡封住气泡口,以防水分渗入试件。

(3)称出蜡封试件在空气中的质量 m_1,精确至 0.01 g。

(4)用液体静力天平称出蜡封试件在水中的质量 m_2,精确至 0.01 g。

(五)结果计算与数据处理

1. 形状规则试件试验结果的处理

(1)按式(1-2)计算表观密度 ρ_0(计算精确至 0.01 g/cm³)。

$$\rho_0 = \frac{m}{V_0} \tag{1-2}$$

式中　m —— 试件的质量,g;

　　　V_0 —— 试件的体积,cm³。

(2)当试件结构、构造均匀时,以 3 个试件测值的算术平均值作为试验结果;当试件结构、构造不均匀时,应以 5 个试件测值的算术平均值作为试验结果,并标明最大值及最小值。

2. 形状不规则试件试验结果的处理

(1)按照式(1-3)计算表观密度 ρ_0,计算精确至 0.01 g/cm³。

$$\rho_0 = \frac{m}{(m_1 - m_2)/\rho_水 - (m_1 - m)/\rho_蜡} \tag{1-3}$$

式中　m —— 试件在空气中的质量,g;

　　　m_1 —— 蜡封试件在空气中的质量,g;

　　　m_2 —— 蜡封试件在水中的质量,g;

　　　$\rho_水$ —— 水的密度,一般取 1.0 g/cm³;

　　　$\rho_蜡$ —— 石蜡的密度,一般取 0.93 g/cm³。

(2)当试件结构、构造均匀时,以 3 个试件测值的算术平均值作为试验结果;当试件结构、构造不均匀时,应以 5 个试件测值的算术平均值作为试验结果,并注明最大值及最小值。

(3)将密度和表观密度的值代入公式(1-4)计算孔隙率:

$$P = (1 - \frac{\rho_0}{\rho}) \times 100\% \tag{1-4}$$

(六)表观密度(视密度)试验记录与结果处理

表观密度(视密度)试验记录与结果处理按表1-2、表1-3进行。

表1-2　表观密度(视密度)试验记录与结果处理表(一)

试验日期				温度(℃)				相对湿度(%)	
形状规则试件	长方体	测量次数	第一次	第二次	第三次	平均值		试样质量(g)	表观密度 ρ_0(g/cm³)
		长(mm)							
		宽(mm)							
		高(mm)							
		体积(cm³)							
	圆柱体	测量次数	第一次	第二次	第三次	第四次	第五次	第六次	平均值	试样质量(g)	表观密度 ρ_0(g/cm³)
		直径(mm)								
		高度(mm)								
		体积(cm³)								

试验者:　　　　记录者:　　　　校核者:　　　　日期:

分析及讨论:

表1-3　表观密度(视密度)试验记录与结果处理表(二)

试验日期		温度(℃)			相对湿度(%)		
形状不规则试件	序号	试件在空气中的质量 m(g)	蜡封试件在空气中的质量 m_1(g)	蜡封试件在水中的质量 m_2(g)	水的密度 $\rho_{水}$(1.0 g/cm³)	石蜡的密度 $\rho_{蜡}$(0.93 g/cm³)	表观密度 ρ_0(g/cm³) 单值 / 试验结果

试验者:　　　　记录者:　　　　校核者:　　　　日期:

分析及讨论:

三、堆积密度试验

堆积密度是指散粒材料在堆积状态下,单位体积(包括物质颗粒固体及其闭口、开口孔隙体积及颗粒间空隙体积)物质颗粒的质量,有干堆积密度与湿堆积密度及松散堆积密度与紧密堆积密度之分,以 kg/m^3 表示。

(一)试验目的

测定细骨料、粗骨料在松散状态或振实状态下的堆积密度,可供混凝土配合比设计用,也可以用来估计运输工具数量或堆场面积等。根据骨料的堆积密度和表观密度还可以计算其空隙率。

(二)依据的规范标准

本试验依据《建设用砂》(GB/T 14684—2011)、《建设用卵石、碎石》(GB/T 14685—2011)进行测定。

(三)主要仪器设备

(1)标准漏斗。

(2)容量筒。

(3)台秤:称量 10 kg,感量 5 g。

(4)垫棒、天平、直尺、搪瓷盘、毛刷等。

(四)试验方法步骤

1. 细骨料堆积密度试验

(1)用搪瓷盘取试样约 3 L,放在烘箱中于(105 ± 5)℃下烘干至恒重,待冷却至室温后,筛除大于 4.75 mm 的颗粒,分为大致相等的两份备用。

(2)松散堆积密度:将试样装入标准漏斗中,将容量筒放在标准漏斗下,打开漏斗活动闸门,使砂从离容量筒口 50 mm 的高处自由落下,直至砂装满容量筒并且超出筒口。然后,用直尺沿筒口中心线向两边刮平(不得振动),称出砂及容量筒的总质量。

(3)紧密堆积密度:将试样分两次装入容量筒。装完第一层后,在筒底垫放一根直径为 10 mm 的圆钢垫棒,将筒按住,左右交替颠击底面各 25 次,然后装入第二层,第二层装满后用同样的方法颠实(但筒底所垫圆钢垫棒的方向应与第一层的方向垂直),再加试样直至超出筒口,然后用直尺沿筒口中心线向两边刮平,称出试样和容量筒的总质量。

2. 粗骨料堆积密度试验

(1)按规定取样:当骨料最大粒径为 9.5 ~ 26.5 mm、31.5 ~ 37.5 mm、63 ~ 75 mm 时,分别取不少于 40 kg、80 kg、120 kg 试样,烘干或风干后,拌匀,并把试样分为大致相等的两份备用。

(2)松散堆积密度:取试样一份,用小铲将试样从容量筒口中心上方 50 mm 处徐徐倒入,让试样以自由落体落下,当容量筒上部试样呈锥体,且容量筒四周溢满时,即停止加料。除去凸出容量筒口表面的颗粒,并以合适的颗粒填入凹陷部分,使得表面稍凸起部分和凹陷部分的体积大致相等(试验过程应防止触动容量筒),称出试样和容量筒的总质量。

(3)紧密堆积密度:取试样一份,分三次装入容量筒。装完第一层后,在筒底垫放一根直径为 16 mm 的圆钢垫棒,将筒按住,左右交替颠击底面各 25 次,再装入第二层,第二层装满后用同样的方法颠实(但筒底所垫圆钢垫棒的方向应与第一层的方向垂直);然后装入第三层,如上述方法颠实。试样装填完毕,再加试样直至超出筒口,用直尺沿筒口边缘刮去高出的试样,并用合适的颗粒填平凹处,使表面稍凸起部分和凹陷部分的体积大致相等,称取试样和容量筒的总质量。

(五)试验结果确定

(1)按照式(1-5)计算松散堆积密度或紧密堆积密度 ρ_0',计算精确至 10 kg/m³。

$$\rho_0' = \frac{m_2 - m_1}{V_0'} \times 1\ 000 \tag{1-5}$$

式中　m_1——容量筒的质量,kg;

　　　m_2——试样和容量筒的总质量,kg;

　　　V_0'——容量筒的容积,L。

(2)按照式(1-6)计算空隙率 P_0(%),计算精确至 1%。

$$P_0 = \left(1 - \frac{\rho_0'}{\rho_0 \times 1\ 000}\right) \times 100\% \tag{1-6}$$

式中　ρ_0'——试样的堆积密度,kg/m³;

　　　ρ_0——试样的干表观密度,g/cm³。

(3)堆积密度取两次试验测值的算术平均值作为试验结果,精确至 10 kg/m³。空隙率取两次试验测值的算术平均值作为试验结果,精确至 1%。

(4)容量筒容积的校正方法:将温度为(20±2)℃的饮用水装满容量筒,用一块玻璃板沿筒口移动,使其紧贴水面。擦干筒外壁水分,称其质量,用式(1-7)计算筒的容积:

$$V_0' = \frac{m_2' - m_1}{1\ 000} \tag{1-7}$$

式中　V_0'——容量筒的容积,L;

　　　m_1——容量筒的质量,kg,精确至 1 g;

　　　m_2'——水和容量筒的总质量,kg,精确至 1 g。

(六)试验记录与结果处理

试验记录与结果处理按表1-4进行。

表 1-4　堆积密度试验记录与结果处理表

试验日期		温度(℃)			相对湿度(%)	
序号	容量筒 的质量 m_1(kg)	水和容量筒 的总质量 m_2'(kg)	容量筒的 容积 V_0'(L)	试样和容量筒 的总质量 m_2(kg)	堆积密度 ρ_0'(kg/m³)	空隙率 P_0(%)
					单值 | 试验结果	单值 | 试验结果

试验者:　　　　　记录者:　　　　　校核者:　　　　　日期:

分析及讨论:

四、吸水性试验

材料吸入水分的能力称为吸水性,其大小可用吸水率和饱和吸水率两项指标来表示。

吸水率是指在规定条件下,材料试样最大的吸水质量与其干燥质量或体积之比,以百分率表示。前者称为质量吸水率,后者称为体积吸水率。如无特别说明均指质量吸水率,简称吸水率。吸水率通常采用自由吸水法测定,此时的吸水率即为饱和面干含水率。

材料吸水率通常小于孔隙率,因为水不能进入封闭的孔隙中。

饱和吸水率是指在强制条件下,材料试样最大的吸水质量与其干燥质量之比,以百分率表示。饱和吸水率的计算方法与吸水率相同,采用沸煮法或真空抽气法测定。

(一)试验目的

材料吸水率的大小对其堆积密度、强度、抗冻性的影响很大,特别是岩石吸水率和饱和吸水率能有效地反映岩石微裂隙的发育程度,可用来判定岩石的抗冻和抗风化等性能。因此,测定材料的吸水率,可间接判定材料强度及耐久性等性能。

(二)依据的规范标准

本试验依据标准如下:

(1)《公路工程岩石试验规程》(JTG E41—2005);

(2)《公路工程集料试验规程》(JTG E42—2005);

(3)《建设用砂》(GB/T 14684—2011);

(4)《建设用卵石、碎石》(GB/T 14685—2011);

(5)《烧结普通砖》(GB 5101—2003)。

(三)主要仪器设备

(1)切石机、钻石机、磨石机等岩石试件加工设备。

（2）天平：感量 0.01 g，称量大于 500 g。

（3）烘箱：能使温度控制在 105～110 ℃。

（4）抽气设备：抽气机、水银压力计、真空干燥器、净气瓶。

（5）沸煮水槽。

（四）试件制备

以岩石吸水率试验为例。

（1）规则试件：采用圆柱体作为标准试件，直径为（50±2）mm、高径比为 2:1。

（2）不规则试件：宜采用边长或直径 40～50 mm 的浑圆形岩块。

（3）每组试件至少 3 个；岩石组织不均匀者，每组试件不少于 5 个。

（五）试验方法与步骤

（1）将试件放入温度为 105～110 ℃ 的烘箱内烘至恒量，烘干时间一般为 12～24 h，取出置于干燥器内冷却至室温（20±2）℃，称其质量，精确至 0.01 g（后同）。

（2）将称量后的试件置于盛水容器内，先注水至试件高度的 1/4 处，以后每隔 2 h 分别注水至试件高度的 1/2 和 3/4 处，6 h 后将水加至高出试件顶面 20 mm，以利试件内空气逸出。试件全部被水淹没后再自由吸水 48 h。

（3）取出浸水试件，用湿纱布擦去试件表面水分，立即称其质量。

（4）试件强制饱和，任选如下一种方法：

①用沸煮法饱和试件。将称量后的试件放入水槽，注水至试件高度的一半，静置 2 h。再加水使试件浸没，煮沸 6 h 以上，并保持水的深度不变。煮沸停止后静置水槽，待其冷却，取出试件，用湿纱布擦去表面水分，立即称其质量。

②用真空抽气法饱和试件。将称量后的试件置于真空干燥器中，注入洁净水，水面高出试件顶面 20 mm，开动抽气机，抽气时真空压力需达到 100 kPa，保持此真空状态直至无气泡发生（不少于 4 h）。经真空抽气的试件应放置在原容器中，在大气压力下静置 4 h，取出试件，用湿纱布擦去表面水分，立即称其质量。

（六）结果计算与数据处理

（1）用式（1-8）、式（1-9）分别计算吸水率、饱和吸水率，试验结果精确至 0.01%。

$$w_x = \frac{m_1 - m}{m} \times 100\% \tag{1-8}$$

$$w_{sx} = \frac{m_2 - m}{m} \times 100\% \tag{1-9}$$

式中　w_x——材料试样吸水率（%）；

　　　w_{sx}——材料试样饱和吸水率（%）；

　　　m——烘干至恒量时的试件质量，g；

　　　m_1——吸水至恒量时的试件质量，g；

　　　m_2——试件经强制饱和后的质量，g。

（2）用式（1-10）计算饱水系数，试验结果精确至 0.01。

$$K_w = \frac{w_x}{w_{sx}} \tag{1-10}$$

式中　K_w——材料试样饱水系数[注]；

其他符号意义同前。

注：饱水系数一般用于岩石吸水性试验。

（3）吸水性试验一般用 3 个试样平行进行，最后取 3 个试件的吸水率计算平均值作为测定值；对于组织不均匀的岩石，则取 5 个试件试验结果的平均值作为测定值，并同时列出每个试件的试验结果。

（七）试验记录与结果处理

试验记录与结果处理按表 1-5 进行。

表 1-5　吸水性试验记录与结果处理表

试验日期			温度（℃）			相对湿度（%）			
序号	规则试件	不规则试件	自由吸水法	沸煮法	抽真空法	吸水率 w_x（%）		饱和吸水率 w_{sx}（%）	饱水系数 K_w
	干燥质量 m（g）		试件面干饱和质量 m_1（g）	试件面干饱和质量 m_2（g）	试件面干饱和质量 m_2（g）	单值	试验结果	单值　试验结果	单值　试验结果

注：一般情况下，仅对岩石试件计算饱水系数。

试验者：　　　　　　记录者：　　　　　　校核者：　　　　　　日期：

分析及讨论：

第二章　水泥技术性质及其试验检测

第一节　水泥技术性质

水泥按其化学成分,可分为硅酸盐水泥、铝酸盐水泥、硫铝酸盐水泥、铁铝酸盐水泥、氟铝酸盐水泥等;按其用途和性能可分为通用水泥、专用水泥、特性水泥。通用水泥是指土木建筑工程中大量使用的具有一般用途的水泥,即硅酸盐水泥、普通硅酸盐水泥、矿渣硅酸盐水泥、火山灰质硅酸盐水泥、粉煤灰硅酸盐水泥、复合硅酸盐水泥等六大品种;专用水泥则是指具有专门用途的水泥,如道路硅酸盐水泥、油井水泥、大坝水泥等;特性水泥是某种性能比较突出的一类水泥,如快硬硅酸盐水泥、膨胀水泥、抗硫酸盐硅酸盐水泥等。水泥品种虽然很多,但在土木建筑工程中仍以硅酸盐类通用水泥为主。因此,本节学习硅酸盐水泥的技术性质及其质量指标的检测方法。

一、通用硅酸盐水泥的技术性质

依据《通用硅酸盐水泥》(GB 175—2007),硅酸盐水泥的技术性质包括物理性质、力学性质、化学性质。

(一)物理性质

水泥物理性质主要包括细度、标准稠度、凝结时间、安定性等几项。

1. 细度(选择性指标)

细度是描述水泥颗粒粗细程度或水泥的分散程度的参数。用规定筛网上所得筛余物的质量占试样原始质量的百分数或用比表面积来表示水泥样品的细度。

水泥颗粒越细,水化反应速度越快。所以,相同矿物组成的水泥,细度越大,凝结硬化速度越快,早期强度越高。水泥颗粒达到较高的细度是确保水泥品质的基本要求。一般认为,当水泥颗粒粒径小于 40 μm 时才具有较高的活性。但水泥颗粒太细,需水量增大,水泥硬化收缩较大,使混凝土发生裂缝的可能性增加。此外,水泥颗粒太细,粉磨能耗增加,生产成本提高。为充分发挥水泥熟料的活性,改善水泥性能,同时节约能耗,要合理控制水泥细度。

水泥细度表示方法有如下两种:

(1)筛析法:以 80 μm(或 45 μm)方孔筛上的筛余量百分率表示。筛析法分为负压筛法和水筛法两种,鉴定结果发生争议时,以负压筛法为准。

(2)比表面积测定法:以单位质量(每千克)水泥颗粒所具有的总表面积(m²)表示。比表面积采用勃氏法测定。

2. 标准稠度用水量

标准稠度用水量简称稠度,是指水泥净浆达到规定稠度时的加水量,以水泥质量百分率表示。

在测定水泥的凝结时间和安定性时,为使其测定结果具有可比性,必须采用标准稠度的水泥净浆进行测定。

标准稠度用标准法(试杆法)检测:

现行国家标准《水泥标准稠度用水量、凝结时间、安定性检验方法》(GB/T 1346—2011)规定,标准法维卡仪的试杆沉入净浆距底板的距离为(6 ± 1) mm 时的水泥浆的稠度为标准稠度,此时的拌和用水量为该水泥标准稠度用水量。

3. 凝结时间

凝结时间是指水泥从加水至水泥浆失去可塑性所需的时间。凝结时间分为初凝时间和终凝时间。初凝时间是指从水泥加水至水泥浆开始失去可塑性所经历的时间;终凝时间是指从水泥加水至水泥浆完全失去可塑性所经历的时间。

凝结时间的检测方法是标准维卡仪法(试针法)。凝结时间以标准试针沉入标准稠度水泥净浆达到一定深度所需时间来表示。现行国家标准规定:将标准稠度的水泥净浆装入凝结时间测定仪的试模中,以标准试针(分初凝用试针和终凝用试针)测试。

当标准试针沉至距底板(4 ± 1) mm 时,为水泥达到初凝状态,由水泥加水至达到初凝状态所经历的时间作为水泥的初凝时间;当标准试针沉入试体 0.5 mm 时,为水泥达到终凝状态,由水泥加水至达到终凝状态所经历的时间作为水泥的终凝时间。

水泥的凝结时间对水泥混凝土的施工具有十分重要的意义。水泥的初凝时间不宜过短,以便在施工过程中有足够的时间对混凝土进行搅拌、运输、浇筑和振捣等操作;终凝时间不宜过长,以使混凝土能尽快硬化,产生强度,提高模具周转率,加快施工进度。

4. 安定性

水泥的体积安定性是一项表示水泥浆体硬化后是否发生不均匀体积变化的指标。水泥在凝结硬化过程中,总是伴随着一定体积上的变化,这种变化如果轻微均匀,或发生在水泥完全失去塑性之前,将不会影响混凝土的质量。但如果水泥产生不均匀变形或在水泥硬化后变形较大,会使混凝土构件产生变形、膨胀,严重时造成开裂,从而影响混凝土质量,此时这种水泥称为体积安定性不良。影响水泥体积安定性不良的因素主要是水泥熟料中含有过多的游离 CaO、游离 MgO 和 SO_3。

安定性检测方法是沸煮法。沸煮法又分为雷氏夹法(标准法)、试饼法(代用法)。二者检测结果如有出入,应以雷氏夹法检测结果为准。

需要说明的是,沸煮法只能检测游离 CaO 对水泥的体积安定性造成的影响。游离 MgO 对水泥的体积安定性的影响采用压蒸法检验。而 SO_3 对水泥的体积安定性的影响则采用长期水浸法检验。因后两者均不便于快速检验,故规范通过对水泥中游离 MgO 和 SO_3 在水泥中的含量加以严格限制,以防止二者引起的安定性不良问题。

(二)力学性质

1. 强度

强度是水泥技术要求中最基本的指标,它直接反映了水泥的质量水平和使用价值。水泥的强度越高,其胶结能力越大。水泥强度包括抗压强度和抗折强度两方面,强度除与水泥自身熟料矿物组成和细度有关外,还与水灰比、试件制作方法、养护条件、养护时间密切相关。

　　水泥强度按照我国现行标准《水泥胶砂强度检验方法（ISO 法）》（GB/T 17671—1999）进行试验。将水泥、标准砂及水按规定的比例（一般为水泥∶标准砂∶水 = 1∶3∶0.50），用规定方法制成 40 mm × 40 mm × 160 mm 的标准试件，在标准条件（温度（20 ± 1）℃，相对湿度不低于 90%）下养护，测定其 3 d 和 28 d 龄期的抗折强度、抗压强度。

　　该标准规定，火山灰质硅酸盐水泥、粉煤灰硅酸盐水泥、复合硅酸盐水泥和掺火山灰质混合材料的普通硅酸盐水泥在进行胶砂强度检验时，其用水量按 0.50 水灰比和胶砂流动度不小于 180 mm 来确定。当流动度小于 180 mm 时，应以 0.01 的整倍数递增的方法将水灰比调整至胶砂流动度不小于 180 mm。

　　2. 强度等级

　　根据水泥胶砂标准试件的 3 d 龄期和 28 d 龄期的抗折强度、抗压强度来划分水泥的强度等级。根据《通用硅酸盐水泥》（GB 175—2007）规定：

　　硅酸盐水泥的强度等级分为 42.5、42.5R、52.5、52.5R、62.5、62.5R 六个等级，R 为早强型。

　　普通硅酸盐水泥的强度等级分为 42.5、42.5R、52.5、52.5R 四个等级。

　　矿渣硅酸盐水泥、火山灰质硅酸盐水泥、粉煤灰硅酸盐水泥、复合硅酸盐水泥的强度等级分为 32.5、32.5R、42.5、42.5R、52.5、52.5R 六个等级。

　　不同品种不同强度等级的通用硅酸盐水泥，其不同龄期的强度应符合表 2-1 的规定。

表 2-1　通用硅酸盐水泥强度指标要求

品种	强度等级	抗压强度（MPa）		抗折强度（MPa）	
		3 d	28 d	3 d	28 d
硅酸盐水泥	42.5	≥17.0	≥42.5	≥3.5	≥6.5
	42.5R	≥22.0		≥4.0	
	52.5	≥23.0	≥52.5	≥4.0	≥7.0
	52.5R	≥27.0		≥5.0	
	62.5	≥28.0	≥62.5	≥5.0	≥8.0
	62.5R	≥32.0		≥5.5	
普通硅酸盐水泥	42.5	≥17.0	≥42.5	≥3.5	≥6.5
	42.5R	≥22.0		≥4.0	
	52.5	≥23.0	≥52.5	≥4.0	≥7.0
	52.5R	≥27.0		≥5.0	
矿渣硅酸盐水泥、火山灰质硅酸盐水泥、粉煤灰硅酸盐水泥、复合硅酸盐水泥	32.5	≥10.0	≥32.5	≥2.5	≥5.5
	32.5R	≥15.0		≥3.5	
	42.5	≥15.0	≥42.5	≥3.5	≥6.5
	42.5R	≥19.0		≥4.0	
	52.5	≥21.0	≥52.5	≥4.0	≥7.0
	52.5R	≥23.0		≥4.5	

（三）化学性质

　　水泥的化学性质主要指对水泥物理力学性质造成不利影响的有害成分。为保证水泥的品质,要限定这些成分的含量。

1. 有害成分(游离氧化镁、三氧化硫、碱含量)

当水泥中游离氧化镁、三氧化硫或碱含量过高时,会对水泥的性能产生诸如体积安定性不良或碱集料反应等不利影响,必须限定这些有害成分的含量在一定范围之内。

2. 不溶物

水泥中的不溶物来自原料中的黏土和氧化硅,由于煅烧不良、化学反应不充分而未能形成熟料矿物,这些物质的存在将影响水泥的有效成分含量。

3. 烧失量

水泥煅烧不佳或受潮都会使水泥在规定温度加热时增加质量损失,表明水泥的品质受到不利因素的影响。

二、通用硅酸盐水泥的技术标准

按照《通用硅酸盐水泥》(GB 175—2007)的有关规定,汇总摘列于表2-2。

表2-2　通用硅酸盐水泥的技术标准

项目		品质指标
化学指标	不溶物	I 型硅酸盐水泥≤0.75% , II 型硅酸盐水泥≤1.50%
	烧失量	I 型硅酸盐水泥≤3.0% , II 型硅酸盐水泥≤3.5% ;普通硅酸盐水泥 P.O ≤5.0%
	三氧化硫	硅酸盐水泥、普通硅酸盐水泥、火山灰质硅酸盐水泥、粉煤灰硅酸盐水泥、复合硅酸盐水泥 ≤3.5%、矿渣硅酸盐水泥≤4.0%
	氧化镁	硅酸盐水泥、普通硅酸盐水泥≤5.0%、A 型矿渣硅酸盐水泥、火山灰质硅酸盐水泥、粉煤灰硅酸盐水泥、复合硅酸盐水泥 ≤6.0%
	氯离子	≤0.06%
	碱含量(选择性指标)	水泥中碱含量按 $Na_2O + 0.658K_2O$ 计算值表示。 若使用活性骨料,用户要求提供低碱水泥时,水泥中的碱含量应不大于0.60%或由买卖双方协商确定
物理力学指标	细度(选择性指标)	硅酸盐水泥和普通硅酸盐水泥的细度用比表面积表示,其比表面积不小于 300 m^2/kg; 矿渣水泥、火山灰水泥、粉煤灰水泥、复合水泥的细度以筛余表示,其80 μm 方孔筛筛余不大于10%或45 μm 筛余不大于30%
	凝结时间	硅酸盐水泥初凝时间不小于45 min,终凝时间不大于390 min。 普通硅酸盐水泥、矿渣硅酸盐水泥、火山灰质硅酸盐水泥、粉煤灰硅酸盐水泥、复合硅酸盐水泥初凝时间不小于45 min,终凝时间不大于600 min
	安定性	沸煮法合格
	强度	不同品种不同强度等级的通用硅酸盐水泥,其不同龄期的强度应符合表2-1的规定

检验结果符合 GB 175—2007 化学指标(不溶物、烧失量、氧化镁、三氧化硫、氯离子

含量)、凝结时间、安定性、强度的规定为合格品。

　　检验结果不符合 GB 175—2007 化学指标(不溶物、烧失量、氧化镁、三氧化硫、氯离子含量)、凝结时间、安定性、强度中的任何一项技术要求为不合格品。

　　经确认水泥各项技术指标及包装质量符合要求时方可出厂。

第二节　水泥技术性质试验检测

　　试验要求:掌握水泥细度的测定方法。掌握水泥标准稠度用水量的测定方法,并能较准确地测定水泥的凝结时间。了解造成水泥安定性不良的因素有哪些,掌握如何进行检测。掌握水泥胶砂强度试件的制作方法,了解标准养护的概念、水泥石强度发展的规律及影响水泥石强度的因素等知识,掌握水泥抗折强度测定仪、压力机等设备的操作和使用方法。

　　本节试验采用的标准及规范如下:

　　(1)《水泥细度检验方法　筛析法》(GB/T 1345—2005);

　　(2)《水泥比表面积测定　勃氏法》(GB/T 8074—2008);

　　(3)《水泥标准稠度用水量、凝结时间、安定性检验方法》(GB/T 1346—2011);

　　(4)《水泥胶砂强度检验方法(ISO 法)》(GB/T 17671—1999);

　　(5)《通用硅酸盐水泥》(GB 175—2007);

　　(6)《水泥取样方法》(GB/T 12573—2008)。

　　水泥技术指标检验的基准方法按照水泥检验方法(ISO 法)标准,也可采用 ISO 法允许的代用标准。当用代用测定结果有异议时,以基准方法为准。

　　本节检验方法适用于硅酸盐水泥、普通硅酸盐水泥、矿渣硅酸盐水泥、火山灰质硅酸盐水泥、粉煤灰硅酸盐水泥、复合硅酸盐水泥等六大通用水泥和道路硅酸盐水泥以及其他指定采用本节检验方法的水泥。

一、水泥检验的一般规定

(一)取样方法

　　以同一水泥厂、同一品种、同一强度等级、同期到达的水泥不超过 400 t 为一个取样单位(不足 400 t 者也可以作为一个取样单位)。取样应有代表性,可连续取,也可从 20 个以上不同部位取等量样品,总量至少 12 kg。当试验水泥从取样至试验要保持 24 h 以上时,应把它储存在基本装满和气密的容器里,这个容器应不与水泥起反应。

(二)养护条件

　　试件成型时温度为(20 ± 2)℃,相对湿度不低于 50%(水泥细度试验可不做此要求)。

　　试件带模养护的湿气养护箱或雾气室温度应为(20 ± 1)℃,相对湿度应不低于 90%;试验养护池水温为(20 ± 1)℃。

(三)对试验材料的要求

　　(1)水泥试样应充分拌匀,通过 0.9 mm 方孔筛并记录筛余物百分数。

（2）试验用水必须是洁净的淡水。仲裁试验或其他重要试验用蒸馏水，其他试验可用饮用水。

（3）水泥试样、标准砂、拌和用水及所用仪器、用具和试模等的温度应与实验室温度相同。

二、水泥细度试验

（一）试验目的

由于水泥的许多物理力学性质（凝结时间、收缩性、强度等）都与水泥的细度有关，因此测定水泥细度是否达到规范要求，对工程具有重要意义。该试验的目的是检验水泥颗粒的粗细程度，以它作为评定水泥质量的依据之一。

（二）试验方法

水泥细度可用筛析法和比表面积测定法检验。其中筛析法分为负压筛法、水筛法和手工干筛法，当负压筛法、水筛法和手工干筛法测定的结果发生争议时，以负压筛法为准。比表面积测定法常用勃氏法。

此处只介绍常用的负压筛法、勃氏法测定水泥细度。

（三）水泥细度检验方法（负压筛法）

1. 主要仪器设备

（1）负压筛析仪：由筛座、负压筛、负压源及吸尘器组成，装置示意图见图2-1。

（2）负压筛：由圆形筛框和筛网组成，筛网为金属丝编织方孔筛，方孔边长为0.08 mm，其结构尺寸见图2-2。负压筛应附有透明筛盖，筛盖与筛上口应有良好的密封性。

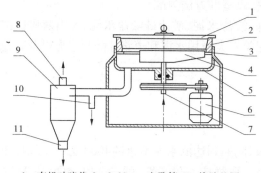

1—有机玻璃盖；2—0.08 mm方孔筛；3—橡胶垫圈；
4—喷气嘴；5—壳体；6—微电机；7—压缩空气进口；
8—抽气口（接负压泵）；9—旋风吸尘器；
10—风门（调节负压）；11—细水泥出口
图2-1　负压筛析仪示意图

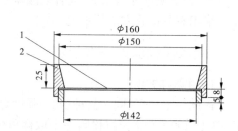

1—筛网；2—筛框
图2-2　负压筛　（单位：mm）

（3）其他：天平（最大称量为200 g，感量0.05 g）；搪瓷盘、毛刷等。

2. 试样准备

将用标准取样方法取出的水泥试样，取出约200 g，通过0.9 mm方孔筛，盛在搪瓷盘中待用，并记录筛余物情况，要防止过筛时混进其他水泥。

3. 试验方法与步骤

（1）筛析试验前，应把负压筛放在筛座上，盖上筛盖，接通电源，检查控制系统，调节负压至 4 000 ~ 6 000 Pa 范围内。

（2）称取试样 25 g（精确至 0.01 g），倒入洁净的负压筛中，盖上筛盖，放在筛座上，开动筛析仪连续筛析 2 min；在此期间如有试样附着在筛盖上，可轻轻地敲击，使试样落下。

（3）筛毕，用天平称量筛余物的质量 R_s（精确至 0.01 g），计算筛余百分数。

（4）当工作负压小于 4 000 Pa 时，应清理吸尘器内水泥，使负压恢复正常。

4. 结果计算及数据处理

（1）水泥试样筛余百分数用式（2-1）计算：

$$F = \frac{R_s}{m_c} \times 100\% \tag{2-1}$$

式中　F——水泥试样的筛余百分数（%），计算结果精确至 0.1% ；

　　　R_s——水泥筛余的质量，g；

　　　m_c——水泥试样的质量，g。

（2）合格评定时，每个样品应称取两个试样分别筛析，取筛余平均值作为筛析结果。若两次筛余结果绝对误差大于 0.5%（筛余值大于 5.0% 时可放宽至 1.0%），应再做一次试验，取两次相近结果的算术平均值作为最终结果。

（3）由于试验筛的筛网会在试验过程中磨损，因此筛析结果应进行修正（此处省略修正方法）。

5. 水泥细度试验（负压筛法）试验记录与结果处理

水泥细度试验（负压筛法）试验记录与结果处理按表 2-3 进行。

表 2-3　水泥细度试验（负压筛析法）试验记录与结果处理表

水泥品种：　　　　　　　　　　　　强度等级：

产地厂家：　　　　　　　　　　　　出厂日期：

所用仪器设备的名称、型号及编号：

环境温度（℃）：　　　　　　　　　环境相对湿度（%）：

试样编号	试样质量（g）	筛余量（g）	筛余百分数（%）	细度		备注
				实测值	标准规定值	
试验结论						

试验者：　　　　　记录者：　　　　　校核者：　　　　　日期：

分析及讨论：

(四)水泥比表面积测定方法(勃氏法)

1. 目的、适用范围

本方法规定采用勃氏法进行水泥比表面积测定。根据一定量的空气通过具有一定空隙率和固定厚度的水泥层时,所受阻力不同而引起流速变化,来测定水泥的比表面积。

本方法适用于六大通用硅酸盐水泥、道路硅酸盐水泥以及指定采用本方法的其他粉状物料。本方法不适用于测定多孔材料及超细粉状物料。

2. 主要仪器设备

(1)勃氏比表面积透气仪:由透气圆筒、压力计、抽气装置等三部分组成,见图2-3。

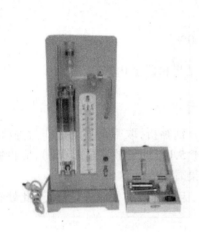
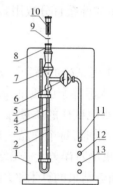

1—仪器座;2—水位刻线;3—计时终端刻线;
4—计时开始刻线;5—第一条刻线;6—旋塞;7—压力计;
8—透气圆筒;9—穿孔板;10—捣器;11—橡胶管接抽气器;
12—指示灯;13—钮子开关

图2-3　电动勃氏透气比表面积测定仪

(2)透气圆筒:内径为 $12.70_0^{+0.05}$ mm,由不锈钢制成。圆筒内表面的粗糙度 $R_a = 1.60$ μm,圆筒的上口边应与圆筒主轴垂直,圆筒下部锥度应与压力计上玻璃磨口锥度一致,两者应严密连接。在圆筒内壁,距离圆筒上口边 (55 ± 10) mm 处有一突出的宽度为 $0.5 \sim 1$ mm 的边缘,以放置金属穿孔板。

(3)穿孔板:由不锈钢或其他不受腐蚀的金属制成,厚度为 $1_{-0.1}^{0.1}$ mm。在其面上,等距离地打有 35 个直径为 1 mm 的小孔,穿孔板应与圆筒内壁密合。穿孔板两平面应平行。

(4)捣器:用不锈钢制成,插入圆筒时,其间隙不大于 0.1 mm。捣器的底面应与主轴垂直,侧面有一个扁平槽,宽度为 (3.0 ± 0.3) mm。捣器的顶部有一个支持环,当捣器放入圆筒时,支持环与圆筒上口边接触,这时捣器底面与穿孔圆板之间的距离为 (15.0 ± 0.5) mm。

(5)压力计:U 形压力计由外径为 9 mm 的具有标准厚度的玻璃管制成。压力计一个臂的顶端有一锥形磨口与透气圆筒紧密连接,在连接透气圆筒的压力计臂上刻有环形线。从压力计底部往上 $280 \sim 300$ mm 处有一个出口管,管上装有一个阀门,连接抽气装置。

(6)抽气装置:一般用小型电磁泵,也可用抽气球。

(7)滤纸:采用中速定量滤纸。

(8)天平:感量为 1 mg。

（9）秒表：分度值为 0.5 s。

（10）其他：烘干箱、干燥箱和毛刷等。

3. 材料

（1）压力计液体。压力计液体采用带有颜色的蒸馏水。

（2）基本材料。基本材料采用中国水泥质量监督检验中心制备的标准试样。

4. 仪器校准

1）漏气检查

将透气圆筒上口用橡皮塞塞紧，接到压力计上。用抽气装置从压力计一臂中抽出部分气体，然后关闭阀门，观察是否漏气。如发现漏气，用活塞油脂加以密封。

2）试料层体积的测定

（1）水银排代法：将两片滤纸沿圆筒壁放入透气圆筒内，用一个直径略比透气圆筒小的细长棒往下按，直到滤纸平整放在金属的穿孔板上。然后装满水银，用一小块薄玻璃板轻压水银表面，使水银面与圆筒口平齐，并须保证在玻璃板和水银表面之间没有气泡或空洞存在。从圆筒中倒出水银，称量，精确至 0.05 g。重复几次测定，到数值基本不变为止。然后从圆筒中取出一片滤纸，试用约 3.3 g 的水泥，按照本方法 5.3）的要求压实水泥层[注]。再在圆筒上部空间注入水银，同上述方法除去气泡、压平、倒出水银称量，重复几次，直到水银称量值相差小于 0.05 g。

注：应制备坚实的水泥层，如水泥太松或不能压到要求体积时，应调整水泥的试用量。

（2）圆筒内试料层体积 V 按下式计算，精确至 5×10^{-9} m³：

$$V = 10^{-6} \times (P_1 - P_2)/\rho_{水银} \tag{2-2}$$

式中　V——试料层体积，m³；

　　　P_1——未装水泥时，充满圆筒的水银质量，g；

　　　P_2——装水泥后，充满圆筒的水银质量，g；

　　　$\rho_{水银}$——试验温度下水银的密度，g/cm³，见表 2-4。

表 2-4　在不同温度下水银密度、空气黏度 η 和 $\sqrt{\eta}$

室温（℃）	水银密度 $\rho_{水银}$（g/cm³）	空气黏度 η（Pa·s）	$\sqrt{\eta}$
8	13.58	0.000 174 9	0.013 22
10	13.57	0.000 175 9	0.013 26
12	13.57	0.000 176 8	0.013 30
14	13.56	0.000 177 8	0.013 33
16	13.56	0.000 178 8	0.013 37
18	13.55	0.000 179 8	0.013 41
20	13.55	0.000 180 8	0.013 45
22	13.54	0.000 181 8	0.013 48
24	13.54	0.000 182 8	0.013 52
26	13.53	0.000 183 7	0.013 55
28	13.53	0.000 184 7	0.013 59
30	13.52	0.000 185 7	0.013 63
32	13.52	0.000 1867	0.013 66
34	13.51	0.000 1876	0.013 70

(3)试料层体积的测定,至少应进行两次。每次应单独压实,若两次数值相差不超过 5×10^{-9} m^3,则取两者的平均值,精确至 10^{-10} m^3,并记录测定过程中圆筒附近的温度。每隔一季度至半年应重新校正试料层体积。

5. 试验步骤

1) 试样准备

(1)将(110 ± 5) ℃下烘干并在干燥器中冷却至室温的标准试样,倒入 100 mL 的密闭瓶内,用力摇动 2 min,将结块成团的试样振碎,使试样松散。静置 2 min 后,打开瓶盖,轻轻搅拌,使在松散过程中落到表面的细粉分布到整个试样中。

(2)水泥试样,应先通过 0.9 mm 方孔筛,再在(110 ± 5)℃下烘干,并在干燥器中冷却至室温待用。

2) 确定试样量

校正试验用的标准试样量和被测定水泥的质量,应达到在制备的试料层中的空隙率为 0.500 ± 0.005 $(50.0\% \pm 0.5\%)$,计算式为:

$$m = \rho V(1 - \varepsilon) \tag{2-3}$$

式中 m——需要的试样质量,g,精确至 1 mg;

ρ——试样密度,g/cm^3;

V——按上述方法测定的试料层体积,cm^3;

ε——试料层空隙率[注]

注:试料层空隙率是指试料层中孔的体积与试料层总的体积之比,一般水泥采用 0.500 ± 0.005 $(50.0\% \pm 0.5\%)$。如有些粉料按式(2-3)算出的试样量在圆筒的有效体积中容纳不下或经捣实后未能充满圆筒的有效体积,则允许适当地改变空隙率。

3) 试料层制备

将穿孔板放入透气圆筒的突缘上,用一根直径比圆筒略小的细棒把一片滤纸[注]送到穿孔板上,边缘放平并压紧。称取按本方法5.2)确定的水泥量,精确至 0.001 g,倒入圆筒。轻敲圆筒的边,使水泥层表面平坦。再放入一片滤纸,用捣器均匀捣实试料,直至捣器的支持环紧紧接触圆筒顶边并旋转 1~2 周,慢慢取出捣器。

注:穿孔板上的滤纸,应是与圆筒内径相同、边缘光滑的圆片。当穿孔板上滤纸直径小于圆筒内径时,会有部分试样粘于圆筒内壁,高出圆板上部;当滤纸直径大于圆筒内径时,会引起滤纸片皱起使结果不准。每次测定需用新的滤纸片。

4) 透气试验

(1)把装有试料层的透气圆筒下锥面涂一薄层活塞油脂,然后把它插入压力计顶端锥形磨口处,旋转 1~2 圈。要保证连接紧密不漏气,并且不振动所制备的试料层。

(2)打开微型电磁泵,慢慢从压力计一臂中抽出空气,直到压力计内液面上升到扩大部下端时关闭阀门。当压力计内液体的凹液面下降到第一条刻度线时开始计时,当液体的凹液面下降到第二条刻度线时停止计时,记录液面从第一条刻度线下降到第二条刻度线所需的时间,以秒表记录,并记下试验时的温度(℃)。

每次透气试验,应重新制备试料层。

6. 结果计算及数据处理

(1)当被测试样的密度、试料层中空隙率与标准试样相同,试验时的温度与校准温度

之差不大于 ±3 ℃时,可按下式计算:

$$S = \frac{S_s \sqrt{T}}{\sqrt{T_s}} \tag{2-4}$$

如试验时的温度与校准温度之差大于 ±3 ℃,则按下式计算:

$$S = \frac{S_s \sqrt{T} \sqrt{\eta_s}}{\sqrt{T_s} \sqrt{\eta}} \tag{2-5}$$

式中　S——被测试样的比表面积,cm^2/g;

　　　S_s——标准试样的比表面积,cm^2/g;

　　　T——被测试样试验时,压力计中液面降落测得的时间,s;

　　　T_s——标准试样试验时,压力计中液面降落测得的时间,s;

　　　η——被测试样试验温度下的空气黏度,Pa·s;

　　　η_s——标准试样试验温度下的空气黏度,Pa·s。

(2)当被测试样的试料层中空隙率与标准试样试料层中空隙率不同,试验时的温度与校准温度之差不大于 ±3 ℃时,可按下式计算:

$$S = \frac{S_s \sqrt{T}(1 - \varepsilon_s) \sqrt{\varepsilon^3}}{\sqrt{T_s}(1 - \varepsilon) \sqrt{\varepsilon_s^3}} \tag{2-6}$$

如果试验时的温度与校准温度之差大于 ±3 ℃时,则按下式计算:

$$S = \frac{S_s \sqrt{T}(1 - \varepsilon_s) \sqrt{\varepsilon^3} \sqrt{\eta_s}}{\sqrt{T_s}(1 - \varepsilon) \sqrt{\varepsilon_s^3} \sqrt{\eta}} \tag{2-7}$$

式中　ε——被测试样试料层中空隙率;

　　　ε_s——标准试样试料层中空隙率。

(3)当被测试样的密度和空隙率均与标准试样不同,试验时的温度与校准温度之差不大于 ±3 ℃时,可按下式计算:

$$S = \frac{S_s \sqrt{T}(1 - \varepsilon_s) \sqrt{\varepsilon^3} \rho_s}{\sqrt{T_s}(1 - \varepsilon) \sqrt{\varepsilon_s^3} \rho} \tag{2-8}$$

如果试验时的温度与校准温度之差大于 ±3 ℃,则按下式计算:

$$S = \frac{S_s \sqrt{T}(1 - \varepsilon_s) \sqrt{\varepsilon^3} \rho_s \sqrt{\eta_s}}{\sqrt{T_s}(1 - \varepsilon) \sqrt{\varepsilon_s^3} \rho \sqrt{\eta}} \tag{2-9}$$

式中　ρ——被测试样的密度,g/cm^3;

　　　ρ_s——标准试样的密度,g/cm^3。

(4)比表面积值的单位应换算为 m^2/kg,精确至 1 m^2/kg。

(5)水泥比表面积应由两次透气试验结果的平均值确定,精确至 1 m^2/kg。如两次试验结果相差 2%以上,应重新试验。

7. 水泥细度试验(勃氏法)试验记录与结果处理

水泥细度试验(勃氏法)试验记录与结果处理按表 2-5 进行。

表 2-5　水泥细度试验(勃氏法)试验记录与结果处理表

水泥品种：　　　　　　　　　　　强度等级：

产地厂家：　　　　　　　　　　　出厂日期：

所用仪器设备的名称、型号及编号：

环境温度(℃)：　　　　　　　　　环境相对湿度(%)：

水泥密度(李氏瓶法)试验

试验次数	水泥质量(g)	初始(第一次)无水煤油体积读数 $V_1(cm^3)$	装入水泥后无水煤油体积读数 $V_2(cm^3)$	水槽温度(℃)	试样密度 ρ (g/cm³)	
					试验值	试验结果

试料层体积(水银排代法)测定

实验室温度(℃)	水银密度 $\rho_{水银}$ (g/cm³)	试验次数	未装水泥时,充满圆筒的水银质量 $P_1(g)$	装水泥后,充满圆筒的水银质量 $P_2(g)$	试料层体积 $V(m^3)$	
					试验值	试验结果

水泥比表面积(勃氏法)试验

标准试样比表面积 $S_s(m^2/kg)$		标准试样试料层空隙率 ε_s		标准试样密度 ρ_s (kg/m³)		

试验次数	试样试料层空隙率 ε	试样质量 $m = \rho V(1-\varepsilon)$ (kg)	试样密度 ρ (kg/m³)	标准试样试验温度下的空气黏度 η_s (Pa·s)	试样试验温度下的空气黏度 η (Pa·s)	试样试验时,压力计中液面降落测得的时间 $T(s)$	标准试样试验时,压力计中液面降落测得的时间 $T_s(s)$	比表面积 (m²/kg)	
								试验值	试验结果
结论									

试验者：　　　　记录者：　　　　校核者：　　　　日期：

分析及讨论：

三、水泥标准稠度用水量测定（标准法、代用法）

水泥标准稠度用水量是指水泥净浆以标准方法测定，在达到统一规定的浆体可塑性时，所需加的用水量。水泥的凝结时间和安定性都与用水量有关，为了消除试验条件的差异而有利于比较，水泥净浆必须有一个标准的稠度。

（一）试验目的、适用范围

测定水泥标准稠度用水量，为水泥凝结时间和安定性试验做好准备。

本方法适用于六大通用硅酸盐水泥、道路硅酸盐水泥及指定采用本方法的其他品种水泥。

（二）主要仪器设备

（1）水泥净浆搅拌机。符合《水泥物理检验仪器　水泥净浆搅拌机》（JC/T 729—2005）要求。

（2）标准法维卡仪，如图2-4所示。标准稠度测定用试杆（见图2-4（c）），有效长度为（50±1）mm，由直径为（10±0.05）mm的圆柱形耐腐蚀金属制成。测定凝结时间时取下试杆，用试针（见图2-4（d）、（e））代替试杆。试针由钢制成，其有效长度初凝用试针为（50±1）mm，终凝用试针为（30±1）mm，是直径为（1.13±0.05）mm的圆柱体。滑动部分的总质量为（300±1）g。与试杆、试针联结的滑动杆表面应光滑，能靠重力自由下落，不得有紧涩和旷动现象。

（3）盛装水泥净浆的试模（见图2-5）应由耐腐蚀的、有足够硬度的金属制成。试模为深（40±0.2）mm，顶内径为（65±0.5）mm，底内径为（75±0.5）mm的截顶圆锥体。每只试模应配备一个大于试模、厚度≥2.5 mm的平板玻璃底板。

（4）其他：搪瓷盘，小插刀，量水器（最小可读为0.1 mL，精度1%），天平，玻璃板（150 mm×150 mm×5 mm）等。

（5）代用法维卡仪。符合《水泥物理检验仪器　净浆标准稠度与凝结时间测定仪》（JC/T 727—2005）要求。

（三）试样的准备

称取500 g水泥，洁净自来水（有争议时应以蒸馏水为准）。

（四）试验方法与步骤

1. 标准法

1）试验前的准备工作

（1）维卡仪的金属棒能够自由滑动。试模和玻璃板用湿布擦拭，将试模放在底板上（不涂油）。

（2）调整至试杆接触玻璃板时，指针对准标尺零点。

（3）水泥净浆搅拌机运行正常。

2）水泥净浆的拌制

用水泥净浆搅拌机搅拌，搅拌锅和搅拌叶片先用湿布擦过，将拌和水倒入搅拌锅中，然后在5~10 s内小心将称好的500 g水泥全部加入水中，防止水和水泥溅出（先放水后倒入水泥）；拌和时，先将锅放在搅拌机的锅座上，升至搅拌位置，启动搅拌机，低速搅拌

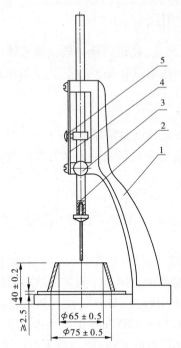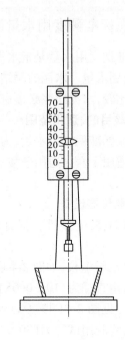

1—铁座;2—金属滑杆;3—松紧螺丝旋钮;4—标尺;5—指针

(a)初凝时间测定用立式试模的侧视图　　　(b)终凝时间测定用反转试模的前视图

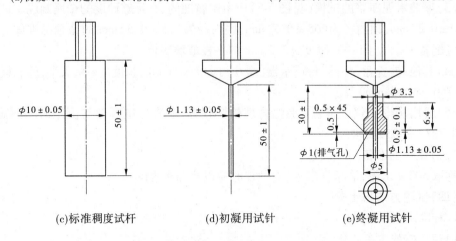

(c)标准稠度试杆　　　(d)初凝用试针　　　(e)终凝用试针

图 2-4　测定水泥标准稠度和凝结时间用的维卡仪　（单位:mm）

120 s,停15 s,同时将叶片和锅壁上的水泥浆刮入锅中间,接着高速搅拌120 s停机(由于搅拌过程中一般已设置成自动,必须待指示搅拌时间完全归零后,才意味着搅拌结束,方可取下搅拌锅)。

3)测定步骤

(1)拌和结束后,立即取适量拌制好的水泥净浆一次性装入已放在玻璃底板上的试模中,用小刀插捣,轻轻振动数次,刮去多余的净浆。

(2)抹平后迅速将试模和底板移到维卡仪上,并将其中心定在试杆下,降低试杆直到

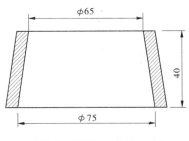

图 2-5 试模 （单位:mm）

与水泥净浆表面接触,拧紧螺丝旋钮 1~2 s 后,突然放松,使试杆垂直自由地沉入水泥净浆中。在试杆停止沉入或释放试杆 30 s 时记录试杆到底板的距离,升起试杆后,立即擦净。

(3)整个操作应在搅拌后 1.5 min 内完成。以试杆沉入净浆并距底板(6±1)mm 的水泥净浆为标准稠度净浆。此时的拌和用水量为该水泥的标准稠度用水量(P),按水泥质量的百分比计。

(4)当试杆距玻璃板小于 5 mm 时,应适当减水,重复水泥浆的拌制和上述过程;当距离大于 7 mm 时,则应适当加水,并重复水泥浆的拌制和上述过程。

2. 代用法

1)试验前的准备工作

(1)维卡仪的金属棒能够自由滑动。

(2)调整至试锥接触锥模顶面时,指针对准标尺零点。

(3)水泥净浆搅拌机运行正常。

2)水泥净浆的拌制

与标准法的相同。

3)标准稠度用水量的测定

(1)采用代用法测定水泥标准稠度用水量,可用调整水量法和不变水量法两种方法中的任一种,如发生争议,以调整水量法为准。当采用调整水量法时,拌和水量应按经验确定;当采用不变水量法时,拌和水量为 142.5 mL,水量精确至 0.5 mL。

(2)拌和完毕,立即将拌好的净浆一次装入锥模内(见图 2-6),用小刀插捣并振动数次后,刮去多余的净浆,抹平后迅速放到测定仪试锥下面的固定位置上。将试锥降至净浆表面处,拧紧螺丝 1~2 s 后,突然放松螺丝,让试锥垂直自由沉入净浆中,到试锥停止下沉或释放试锥 30 s 时记录试锥下沉深度。整个操作应在搅拌后 1.5 min 内完成。

(3)当采用调整水量法测定时,以试锥下沉深度(28±2)mm 时的净浆为标准稠度净浆。其拌和水量为该水泥的标准稠度用水量(P),按水泥质量的百分比计。如下沉深度超出范围,须另称试样,调整水量,重新试验,直至达到(28±2)mm 时。

(4)当采用不变水量法测定时,根据测得的试锥下沉深度 S(mm),按式(2-10)(或仪器上对应标尺)计算得到标准稠度用水量 P(%):

$$P = 33.4 - 0.185S \qquad (2-10)$$

当试锥下沉深度小于 13 mm 时,应改用调整水量法测定。

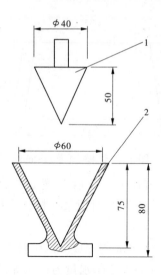

1—试锥;2—锥模

图 2-6　试锥和锥模 （单位:mm）

(五)结果计算与数据处理

当采用标准法测定时,以试杆沉入净浆并距底板(6±1)mm 的水泥净浆为标准稠度净浆。其拌和水量为该水泥的标准稠度用水量,按水泥质量的百分比计。

$$P = （拌和用水量／水泥质量）× 100\% \tag{2-11}$$

如超出范围,须另称试样,调整水量,重做试验,直至试杆沉入净浆并距底板(6±1)mm。

(六)水泥标准稠度用水量检测试验记录与结果处理

水泥标准稠度用水量检测试验记录与结果处理按表 2-6 进行。

表 2-6　水泥标准稠度用水量检测试验记录与结果处理表

水泥品种:　　　　　　　　　　强度等级:

产地厂家:　　　　　　　　　　出厂日期:

所用仪器设备的名称、型号及编号:

环境温度(℃):　　　　　　　　环境相对湿度(%):

编号	试样质量 （g）	固定用水量 （mL）	试杆下沉深度 （mm）	标准稠度用水量 （%）
结论				

试验者:　　　　记录者:　　　　校核者:　　　　日期:

分析及讨论:

四、水泥凝结时间测定

（一）试验目的

测定水泥的初凝、终凝时间，用以检验水泥质量是否满足国家标准要求。

（二）主要仪器设备

水泥净浆搅拌机、维卡仪、试模与测定标准稠度用水量时相同，只是将试杆换成试针（如图 2-4（d）、（e）所示），试模（见图 2-5），湿气养护箱（养护箱应能将温度控制在（20±1）℃，湿度不低于 90%），玻璃板（150 mm×150 mm×5 mm）。

（三）试验方法与步骤

（1）将圆模内侧稍许涂上一层机油，放在玻璃板上，调整凝结时间测定仪的试针，当试针接触玻璃板时，指针应对准标尺零点。

（2）以标准稠度用水量制成标准稠度净浆，将标准稠度净浆一次装满试模，振动数次刮平，立即放入湿气养护箱中。将水泥全部加入水中的时间作为凝结时刻的起始时间（t_1），并记录到试验报告中。

（3）初凝时间的测定。

试样在湿气养护箱中养护至加水后 30 min 时进行第一次测定。测定时，从湿气养护箱中取出试模放到试针下，降低试针，使其与水泥净浆表面接触。拧紧定位螺钉（见图 2-4（a））1～2 s 后，突然放松（最初测定时应轻轻扶持金属棒，使徐徐下降，以防试针撞弯，但结果以自由下落为准），试针垂直自由地沉入水泥净浆中。观察试针停止下沉或释放试针 30 s 时指针的读数。临近初凝时，每隔 5 min 测定一次。当试针沉至距底板（4±1）mm 时，为水泥达到初凝状态，达到初凝时应立即重复测一次，两次结论相同时才能定为达到初凝状态。将此时刻（t_2）记录在试验报告中。

（4）终凝时间的测定。

为了准确观测试针沉入的状况，在终凝用试针上安装了一个环形附件（见图 2-4（e））。在完成初凝时间测定后，立即将试模连同浆体以平移的方式从玻璃板上取下，翻转 180°，直径大端向上、小端向下放在玻璃板上（见图 2-4（b）），再放入湿气养护箱中继续养护，临近终凝时间时每隔 15 min 测定一次，当试针沉入试体 0.5 mm，即环形附件开始不能在试体上留下痕迹时，为水泥达到终凝状态，达到终凝时应立即重复测一次，两次结论相同时才能定为达到终凝状态。将此时刻（t_3）记录在试验报告中。

（5）注意事项：

①在最初测定的操作时应轻轻扶持金属棒，使其徐徐下降，以防试针撞弯，但结果以自由下落为准。

②每次测定不能让试针落入原针孔，每次测试完毕须将试针擦拭干净并将试模放回湿气养护箱内。

③在整个测试过程中试针贯入的位置至少要距圆模内壁 10 mm，且整个测试过程要防止试模受振。

④临近初凝时每隔 5 min（或更短时间）测定一次，临近终凝时每隔 15 min（或更短时间）测定一次。达到初凝时应立即重复测一次，当两次结论相同时才能确定达到初凝状态。

达到终凝时,需要在试体另外两个不同点测试,当结论相同时才能确定达到终凝状态。

(四)结果计算与数据处理

(1)计算时刻 t_1 至时刻 t_2 所用时间,即初凝时间 $t_初 = t_2 - t_1$(用 min 表示)。

(2)计算时刻 t_1 至时刻 t_3 所用时间,即终凝时间 $t_终 = t_3 - t_1$(用 min 表示)。

(五)水泥凝结时间检测试验记录与结果处理

水泥凝结时间检测试验记录与结果处理按表 2-7 进行。

表 2-7　水泥凝结时间检测试验记录与结果处理表

水泥品种:　　　　　　　　　　　　强度等级:

产地厂家:　　　　　　　　　　　　出厂日期:

所用仪器设备的名称、型号及编号:

环境温度(℃):　　　　　　　　　　环境相对湿度(%):

编号	搅拌净浆时,水泥全部加入水中时的时刻(h:min)	水泥净浆达到初凝状态时的时刻(h:min)	水泥净浆达到终凝状态时的时刻(h:min)	初凝时间(min)	终凝时间(min)
结论					

试验者:　　　　　记录者:　　　　　校核者:　　　　　日期:

分析及讨论:

五、水泥安定性检验

(一)试验目的

测定水泥的体积安定性,作为评定水泥质量是否合格的依据之一。

水泥安定性用雷氏夹法(标准法)或试饼法(代用法)检验,有争议时以雷氏夹法为准。雷氏夹法是观测由两个试针的相对位移所指示的水泥标准稠度净浆体积膨胀的程度,即水泥净浆在雷氏夹中沸煮后的膨胀值。试饼法是观察水泥净浆试饼沸煮后的外形变化来检验水泥的体积安定性。

(二)主要仪器设备

(1)水泥净浆搅拌机、湿气养护箱、天平、量水器。

(2)沸煮箱。箱的内层由不易锈蚀的金属材料制成,能在 (30 ± 5) min 内将箱内的试验用水由室温加热至沸腾,并可始终保持沸腾状态 3 h 以上。整个试验过程不需补充水。

(3)雷氏夹。由铜质材料制成,其结构如图 2-7 所示。当一根指针的根部悬挂在一根金属丝或尼龙丝上,另一根指针的根部再挂上质量 300 g 的砝码时,两根指针的针尖距离增加应在 (17.5 ± 2.5) mm 范围以内,去掉砝码后针尖的距离能恢复到挂砝码前的状态。

(4)雷氏夹膨胀测定仪。如图 2-8 所示,雷氏夹膨胀测定仪标尺最小刻度为 0.5 mm。

（5）玻璃板。每个雷氏夹需配备质量为 75～80 g 的玻璃板两块。若采用试饼法（代用法），一个样品需准备两块约 100 mm×100 mm 的玻璃板。

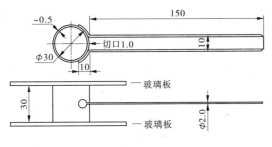

图 2-7　雷氏夹　（单位:mm）

图 2-8　雷氏夹膨胀测定仪

（三）试验方法与步骤

1. 标准法（雷氏夹法）

1）试验前准备工作

每个试样需成型两个试件，每个雷氏夹需配备边长约 100 mm、厚度 4～5 mm 的玻璃板两块，凡与水泥浆接触的玻璃板和雷氏夹表面都要稍稍涂上一层油。

2）雷氏夹试样的成型

将预先准备好的雷氏夹放在已稍涂油的玻璃板上，并立刻将已拌和好的标准稠度净浆一次装满雷氏夹。装浆时，一只手轻轻扶持雷氏夹，另一只手用宽约 10 mm 的小刀插捣数次，然后抹平，盖上已稍涂油的玻璃板，接着立刻将雷氏夹移至湿气养护箱内养护（24±2）h。

3）沸煮

（1）调整好沸煮箱内的水位，使之在整个沸煮过程中都能没过试件，不需中途添补试验用水，同时保证在（30±5）min 内加热试验用水至沸腾。

（2）脱去玻璃板取下试件（带有水泥净浆柱的雷氏夹），先测量雷氏夹指针尖端间的距离 A，精确至 0.5 mm，接着将试件放入水中箅板上，指针朝上，试件之间互不交叉，然后再在（30±5）min 内加热水至沸腾，并恒沸（180±5）min。在沸腾过程中，应保证水面高出试样 30 mm 以上。

2. 代用法（试饼法）

1）试验前准备工作

每个试样需准备两块边长约 100 mm、厚度 4～5 mm 的玻璃板，凡与水泥浆接触的玻璃板都要稍稍涂上一层油。

2）试饼的成型

（1）从拌好的净浆中取约 150 g，分成两份，放在预先准备好的涂抹少许机油的玻璃板上，使之呈球形，然后轻轻振动玻璃板，水泥净浆即扩展成试饼。

（2）用湿布擦过的小刀，由试饼边缘向中心修抹，并随修抹随将试饼略作转动，中间切忌添加净浆，做成直径为 70～80 mm、中心厚约 10 mm 边缘渐薄、表面光滑的试饼。接着将试饼放入湿气养护箱内，自成型时起养护（24±2）h。

3）沸煮

（1）调整好沸煮箱内的水位，使之在整个沸煮过程中都能没过试件，不需中途添补试验用水，同时保证水在（30±5）min 内能沸腾。

（2）脱去玻璃板取下试件，先检查试饼是否完整（如已开裂、翘曲，要检查原因，确定无外因时，该试饼已属不合格品，不必沸煮），在试饼无缺陷的情况下将试饼放在沸煮箱的水中算板上，然后在（30±5）min 内加热升至沸腾并恒沸（180±5）min。在沸煮过程中，应保证水面高出试样 30 mm 以上。

（四）试验结果判别

1. 标准法的结果判别

沸煮结束后，即刻放掉沸煮箱中的热水，打开箱盖，待箱体温度冷却到室温时，取出试件进行判别。

测量雷氏夹指针尖端间的距离 C，精确至 0.5 mm：

（1）当两个试件煮后增加距离（$C-A$）的平均值不大于 5.0 mm 时，即认为该水泥安定性合格。

（2）当两个试件煮后增加距离（$C-A$）的平均值大于 5.0 mm 时，即认为该水泥安定性不合格。

（3）当两个试件煮后增加距离（$C-A$）的值相差超过 4.0 mm 时，应用同一样品立即重做一次试验。再如此，则认为该水泥安定性不合格。

2. 代用法的结果判别

沸煮结束后，即刻放掉沸煮箱中的热水，打开箱盖，待箱体温度冷却到室温时，取出试件进行判别。

目测试饼未发现裂纹，用钢直尺检查也没有弯曲（使钢直尺和试饼底部紧靠，以两者间不透光为不弯曲），则该试饼的体积安定性合格；反之，为不合格（见图 2-9）。当两个试饼判别结果有矛盾时，该水泥的体积安定性为不合格。

安定性不合格的水泥禁止使用。

　　(a)崩溃　　　　　　　(b)放射性龟裂　　　　　　(c)弯曲

图 2-9　安定性不合格的试饼

（五）水泥体积安定性试验记录与结果处理

水泥体积安定性试验记录与结果处理按表 2-8 或表 2-9 进行。

表2-8　水泥体积安定性试验(标准法)记录与结果处理

水泥品种：　　　　　　　　　　　　强度等级：

产地厂家：　　　　　　　　　　　　出厂日期：

所用仪器设备的名称、型号及编号：

环境温度(℃)：　　　　　　　　　　环境相对湿度(%)：

编号	沸煮前雷氏夹指针尖端间距 $A(\mathrm{mm})$	沸煮后雷氏夹指针尖端间距 $C(\mathrm{mm})$	试件煮后指针尖端增加距离 $C-A(\mathrm{mm})$		备注
			试验值	平均值	
结论					

试验者：　　　　　记录者：　　　　　校核者：　　　　　日期：

表2-9　水泥体积安定性试验(代用法)记录与结果处理

水泥品种：　　　　　　　　　　　　强度等级：

产地厂家：　　　　　　　　　　　　出厂日期：

所用仪器设备的名称、型号及编号：

环境温度(℃)：　　　　　　　　　　环境相对湿度(%)：

编号	沸煮前试饼是否完整	沸煮后试饼是否有裂纹、弯曲	体积安定性是否合格	备注
结论				

试验者：　　　　　记录者：　　　　　校核者：　　　　　日期：

分析及讨论：

六、水泥胶砂强度检验

(一)试验目的

根据《水泥胶砂强度检验方法(ISO法)》(GB/T 17671—1999)测定水泥抗压强度和抗折强度。通过检验水泥各龄期强度来确定强度等级;或已知强度等级,检验强度是否满足规定要求。

(二)主要仪器设备

(1)行星式胶砂搅拌机:如图2-10所示,由胶砂搅拌锅和搅拌叶片相应的机构组成,搅拌叶片呈扇形,工作时搅拌叶片既绕自身轴线自转又沿搅拌锅周边公转,并且具有高、低两种速度:自转低速时为(140 ± 5)r/min,高速时为(285 ± 10)r/min;公转低速时为(62 ± 5)r/min,高速时为(125 ± 10)r/min。叶片与锅底、锅壁的工作间隙为(3 ± 1)mm。

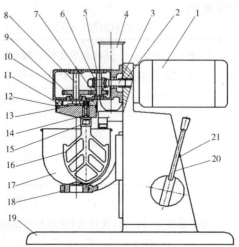

1—电机;2—联轴器;3—蜗杆;4—砂罐;5—传动箱盖;6—蜗轮;7—齿轮Ⅰ;8—主轴;
9—齿轮Ⅱ;10—传动箱;11—内齿轮;12—偏心座;13—行星齿轮;14—搅拌叶轴;15—调节螺母;
16—搅拌叶片;17—搅拌锅;18—支座;19—底座;20—手柄;21—立柱

图 2-10　行星式胶砂搅拌机

(2)胶砂试件成型振实台:如图 2-11 所示,由可以跳动的台盘和使其跳动的凸轮等组成,振实台振幅(15 ± 0.3)mm,振动频率 60 次/min。使用时固定于混凝土基座上,基座高约 400 mm。为防止外部振动影响振实效果,可在整个混凝土基座下放一层厚约 5 mm 的天然橡胶弹性衬垫。

(3)代用胶砂振动台:可作为振实台的代用设备,其振幅为(0.75 ± 0.02)mm,振动频率为 2 800 ~ 3 000 次/min,台面装有卡具。

(4)水泥胶砂试模:如图 2-12 所示,为可装卸的三联模,由隔板、端板、底座等部分组成,模内腔尺寸为 40 mm × 40 mm × 160 mm,可同时成型三条截面为 40 mm × 40 mm × 160 mm 的棱形试件。

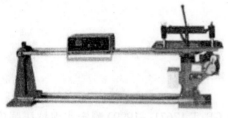

图 2-11　胶砂试件成型振实台

图 2-12　水泥胶砂试模

(5)下料漏斗:下料口宽为 4 ~ 5 mm,两个播料器和一个刮平直尺。

（6）水泥抗折试验机：一般采用双杠杆式、比值为 1∶50 的电动试验机，也可采用性能符合要求的其他试验机。两个支撑圆柱中心间距为（100 ± 0.02）mm。

（7）压力试验机与抗压夹具：压力试验机最大荷载以 200 ～ 300 kN 为宜，误差不大于 ±1%，具有按（2 400 ± 200）N/s 速率的加荷能力，应具有一个能指示试件破坏荷载的指示器。压力机的活塞竖向轴应与压力机的竖向轴重合，而且活塞作用的合力要通过试件中心。压力机的下压板表面应与该机的轴线垂直并在加荷过程中一直保持不变。

抗压夹具由硬钢制成，应符合《40 mm×40 mm 水泥抗压夹具》（JC/T 683—2005）的要求。试件受压面积为 40 mm×40 mm。

（三）胶砂试件成型

（1）成型前将试模擦净，四周的模板与底座的接触面上应涂抹黄油，紧密装配，防止漏浆，内壁均匀地刷一薄层机油。

（2）水泥与 ISO 标准砂的质量比为 1∶3，水灰比为 0.5。

（3）每成型三条试件需称量的材料及用量为：水泥（450 ± 2）g，ISO 标准砂（1 350 ± 5）g，水（225 ± 1）mL。

（4）先把水加入已擦湿的搅拌锅内，再加入水泥，把锅安放在搅拌机固定架上，并上升至固定位置。然后立即开动机器，低速搅拌 30 s 后，在第二个 30 s 开始的同时，均匀地将砂子加入。当砂是分级装时，应从最粗粒级开始，依次加入，再高速搅拌 30 s。停拌 90 s。在停拌中的第一个 15 s 内用胶皮刮具将叶片和锅壁上的胶砂刮入锅中间。在高速下继续搅拌 60 s。各个阶段时间误差应在 ±1 s 内。停机后，将粘在叶片上的胶砂刮下，取下搅拌锅。

（5）试件成型。

①用振实台成型。

将空试模和模套固定在振实台上，用适当的勺子直接从搅拌锅中将胶砂分为两层装入试模。装第一层时，每个槽内约装 300 g 胶砂，将大播料器垂直架在模套顶部，沿每个模槽来回一次将料层播平，接着振实 60 次；再装入第二层胶砂，用小播料器播平，再振实 60 次。

振实完毕后，移走模套，从振动台上取下试模，用刮平直尺以近似 90° 的角度，架在试模顶的一端，沿试模长度方向，以横向锯割动作慢慢向另一端移动，一次将超出试模的胶砂刮去，并用同一直尺在近乎水平的情况下将试件表面抹平。

②用振动台成型。

在搅拌胶砂的同时，将试模和下料漏斗固定在振动台上，将制备好的胶砂立即全部均匀地装入漏斗内，启动振动台，胶砂下料时间为 20 ～ 40 s（下料时间以漏斗三格中的两个出现空洞时为准），振动（120 ± 5）s 停止。

下料时间如大于 40 s，需调整漏斗下料口宽度或用小刀扰动胶砂以加速下料。

振动完毕后，取下试模，移走下料漏斗，将试体表面抹平（方法同上）。

（6）在试模上作标记或加字条标明试件的编号和试件相对于振实台的位置。两个龄期以上的试件，编号时应将同一试模中的三条试件分在两个以上的龄期内。

（7）试验前或更换水泥品种时，须将搅拌锅、叶片和下料漏斗等抹擦干净。

（四）胶砂试件养护

（1）试件编号后，将试模放入养护箱内的水平箅板上养护（箅板必须水平），水平放置时刮平面应朝上。湿空气（温度保持在（20±1）℃，相对湿度不低于90%）应能与试模各边接触。一直养护到规定的脱模时间（对于24 h龄期的，应在破型试验前20 min内脱模；对于24 h以上龄期的应在成型后20～24 h脱模）时取出脱模。脱模时要非常小心，应防止试件损伤。硬化较慢的水泥允许延期脱模，但须记录脱模时间。

（2）试件脱模后立即放入水槽中养护，水槽水温（20±1）℃；养护期间试件之间间隙和试件上表面的水深不得小于5 mm。每个养护池中只能养护同类水泥试件，并应随时加水，保持恒定水位，不允许养护期间全部换水。

（3）除24 h龄期或延迟48 h脱模的试件外，任何到龄期的试件应在试验（破型）前15 min从水中取出。抹去试件表面沉淀物，并用湿布覆盖。

（五）强度检验

各龄期（试件龄期从水泥开始加水搅拌算起）的试件应在表2-10规定的时间内进行强度试验。

表2-10　不同龄期的试件强度试验必须在下列时间内进行

24 h	48 h	3 d	7 d	28 d
24 h±15 min	48 h±30 min	3 d±45 min	7 d±2 h	28 d±8 h

1. 抗折强度测试

（1）以中心加荷法测定抗折强度。

（2）取出三条试件先做抗折强度测定。测定前须擦去试件表面的水分和砂粒，消除夹具上圆柱表面黏着的杂物。试件放入抗折夹具内，应使试件成型侧面朝上与圆柱接触。

（3）当采用杠杆式抗折试验机时，在试件放入之前，应先将游动砝码移至零刻度线，调整平衡砣，使杠杆处于平衡状态。试件放入后，调整夹具，使杠杆有一仰角，从而在试件折断时尽可能地接近平衡位置。然后，启动电机，丝杆转动带动游动砝码给试件加荷；试件折断后从杠杆上可直接读出破坏荷载和抗折强度。

（4）抗折强度测定时的加荷速度为（50±10）N/s，直至折断，并保持两个半截棱柱试件处于潮湿状态直至抗压试验。

（5）抗折强度按式（2-12）计算，精确至0.1 MPa。

当采用数显式抗折试验机时，可在仪器上直接读取最大破坏荷载及抗折强度数值。当采用杠杆式抗折试验机时，抗折强度值可在仪器的标尺上直接读出，也可在标尺上读出破坏荷载值，按式（2-12）计算，精确至0.1 N/mm²。

$$f_v = \frac{3F_P L}{2bh^2} = 0.002\ 34\ F_P \qquad (2-12)$$

式中　f_v——抗折强度，MPa，计算精确至0.1 MPa；

　　　F_P——破坏荷载，N；

　　　L——支撑圆柱中心距，即100 mm；

　　　b、h——试样正方形截面宽及高，均为40 mm。

抗折强度测定结果取 3 个试件平均值,精确至 0.1 MPa。当 3 个强度测值中仅有 1 个超过平均值的 ±10% 时,应予剔除,再以剩下 2 个测值的平均值作为抗折强度试验结果。当 3 个强度测值中有 2 个超过平均值的 ±10% 时,则该组试验结果作废。

2. 抗压强度测试

(1)抗折试验后的断块应立即进行抗压试验。抗压试验须用抗压夹具进行,试件受压面为试件成型时的两个侧面,受压面积为 40 mm × 40 mm。试验前应清除试件的受压面与加压板间的砂粒或杂物。试件成型时的底面靠紧夹具定位销,断块试件应对准抗压夹具中心,并使夹具对准压力机压板中心,半截棱柱体中心与压力机压板中心差应在 ±0.5 mm 内,棱柱体露在压板外的部分约为 10 mm。

(2)压力机加荷速度应控制在(2 400 ±200)N/s 速率范围内,在接近破坏时更应严格掌握。

(3)抗压强度按下式计算:

$$f_c = \frac{F_P}{A} = 0.000\ 625 F_P \tag{2-13}$$

式中　f_c——抗压强度,MPa;

　　　F_P——破坏荷载,N;

　　　A——受压面积,即 40 mm × 40 mm = 1 600 mm²。

(4)抗压强度结果为一组 6 个断块试件抗压强度的算术平均值,精确至 0.1 MPa。

如果 6 个强度测定值中有一个超出平均值的 ±10%,应剔除后以剩下的 5 个值的算术平均值作为最后结果。如果 5 个测值中再有超过它们平均值 ±10% 的,则该组结果作废。

(六)水泥胶砂强度检测试验记录与结果处理

水泥胶砂强度检测试验记录与结果处理按表 2-11、表 2-12 进行。

(1)成型试件所需材料用量记录,见表 2-11。

表 2-11　成型试件所需材料用量记录

水泥品种:　　　　　　　　　　强度等级:

产地厂家:　　　　　　　　　　出厂日期:

所用仪器设备的名称、型号及编号:

环境温度(℃):　　　　　　　　环境相对湿度(%):

成型日期	水泥(g)	标准砂(g)	水(mL)

(2)强度测定,见表 2-12。

表 2-12　水泥胶砂抗折强度、抗压强度试验记录与结果处理

加荷速率(N/s)：

试验龄期 （试验日期）	试件编号	抗折试验			抗压试验			
		荷载 （kN）	强度 （MPa）	平均 强度 （MPa）	荷载 （kN）	受压 面积 （mm×mm）	强度 （MPa）	平均 强度 （MPa）
3 d （　年　月　日）	1					40×40		
	2							
	3							
28 d （　年　月　日）	1					40×40		
	2							
	3							

试验者：　　　　　记录者：　　　　　校核者：　　　　　日期：

分析及讨论：

第三章　骨料技术性质及其试验检测

第一节　骨料技术性质

骨料是由不同粒径矿质颗粒组成的混合料,包括各种天然砂、人工砂、卵石、碎石以及各类工业冶金矿渣等。骨料按其粒径范围分为粗骨料和细骨料。在水泥混凝土中粗、细骨料的分界尺寸为 4.75 mm;在沥青混合料中,该尺寸界限通常为 2.36 mm。粗骨料包括岩石天然风化而成的卵石(砾石)及人工轧制的碎石。细骨料包括天然砂、人工砂及石屑等。

粗、细骨料在混合料中分别起骨架和填充作用,由于所起的作用不同,对其技术要求也有所不同。粗细骨料的技术性质一般包括物理性质和力学性质两个方面,粗骨料的技术性质(技术要求)主要有颗粒级配、含泥量和泥块含量、针片状颗粒含量、有害物质、坚固性、强度、碱骨料反应、表观密度、堆积密度、连续级配松散堆积空隙率、含水率、吸水率等。细骨料的技术性质(技术要求)主要有颗粒级配、含泥量、石粉含量和泥块含量、有害物质、坚固性、碱骨料反应、表观密度、松散堆积密度、空隙率、含水率和饱和面干吸水率等。

一、颗粒级配

骨料中各组成颗粒的分级和搭配情况称为颗粒级配。颗粒级配通过筛分试验确定。将骨料通过一系列规定筛孔尺寸的标准筛,测定出存留在各个筛上的骨料质量,可求得一系列与骨料级配有关的参数,包括分计筛余百分率、累计筛余百分率或通过百分率。

根据国家标准《建设用卵石、碎石》(GB/T 14685—2011),建设用卵石、碎石的颗粒级配应符合表 3-1 的规定。根据国家标准《建设用砂》(GB/T 14684—2011),砂的颗粒级配应符合表 3-2 的规定,砂的级配类别应符合表 3-3 的规定。

表 3-1　卵石、碎石的颗粒级配

公称粒径 (mm)		累计筛余(%)										
		方孔筛(mm)										
		2.36	4.75	9.50	16.0	19.0	26.5	31.5	37.5	53.0	63.0	75.0	90
连续粒级	5~16	95~100	85~100	30~60	0~10	0							
	5~20	95~100	90~100	40~80	—	0~10	0						
	5~25	95~100	90~100	—	30~70	—	0~5	0					
	5~31.5	95~100	90~100	70~90	—	15~45	—	0~5	0				
	5~40	—	95~100	70~90	—	30~65	—	—	0~5	0			

续表 3-1

公称粒径 （mm）		累计筛余（%）											
		方孔筛（mm）											
		2.36	4.75	9.50	16.0	19.0	26.5	31.5	37.5	53.0	63.0	75.0	90
单粒粒级	5~10	95~100	80~100	0~15	0								
	10~16		95~100	80~100	0~15								
	10~20		95~100	85~100		0~15	0						
	16~25			95~100	55~70	25~40	0~10						
	16~31.5		95~100		85~100		0~10	0					
	20~40			95~100		80~100		0~10	0				
	40~80				95~100				70~100		30~60	0~10	0

表 3-2　砂的颗粒级配

砂的分类	天然砂			机制砂		
级配区	1 区	2 区	3 区	1 区	2 区	3 区
方孔筛	累计筛余（%）					
4.75 mm	10~0	10~0	10~0	10~0	10~0	10~0
2.36 mm	35~5	25~0	15~0	35~5	25~0	15~0
1.18 mm	65~35	50~10	25~0	65~35	50~10	25~0
600 μm	85~71	70~41	40~16	85~71	70~41	40~16
300 μm	95~80	92~70	85~55	95~80	92~70	85~55
150 μm	100~90	100~90	100~90	97~85	94~80	94~75

注：1. 对于砂浆用砂，4.75 mm 筛孔的累计筛余量应为 0。

　　2. 砂的实际颗粒级配除 4.75 mm 和 600 μm 筛档外，可以略有超出，但各级累计筛余超出值总和应不大于 5%。

表 3-3　砂的级配类别

类别	Ⅰ	Ⅱ	Ⅲ
级配区	2 区	1、2、3 区	

二、含泥量、石粉含量和泥块含量

含泥量是指骨料中粒径小于 75 μm 的颗粒含量。石粉含量是指机制砂中粒径小于 75 μm 的颗粒含量。泥块含量是指粗骨料中原粒径大于 4.75 mm，经水浸洗、手捏后小于 2.36 mm 的颗粒含量，或指砂中原粒径大于 1.18 mm，经水浸洗、手捏后小于 600 μm 的颗粒含量。

根据国家标准《建设用卵石、碎石》（GB/T 14685—2011），卵石、碎石的含泥量和泥块含量应符合表3-4的规定。

表3-4　卵石、碎石的含泥量和泥块含量

类别	I	II	III
含泥量(按质量计)(%)	≤0.5	≤1.0	≤1.5
泥块含量(按质量计)(%)	0	≤0.2	≤0.5

根据国家标准《建设用砂》(GB/T 14684—2011)要求,天然砂的含泥量和泥块含量应符合表3-5的规定;当机制砂MB值≤1.4或快速法试验合格时,石粉含量和泥块含量应符合表3-6的规定;当机制砂MB值>1.4或快速法试验不合格时,石粉含量和泥块含量应符合表3-7的规定。

表3-5　天然砂的含泥量和泥块含量

类别	I	II	III
含泥量(按质量计)(%)	≤1.0	≤3.0	≤5.0
泥块含量(按质量计)(%)	0	≤1.0	≤2.0

表3-6　机制砂中石粉含量和泥块含量(MB值≤1.4或快速法试验合格时)

类别	I	II	III
MB值①	≤0.5	≤1.0	≤1.4或合格
石粉含量(按质量计)(%)②	≤10.0		
泥块含量(按质量计)(%)	0	≤1.0	≤2.0

注:①亚甲蓝(MB)值,是用于判定机制砂中粒径小于75 μm颗粒的吸附性能的指标。
　　②此指标根据使用地区和用途不同,经试验验证,可由供需双方协商确定。

表3-7　机制砂中石粉含量和泥块含量(MB值>1.4或快速法试验不合格时)

类别	I	II	III
石粉含量(按质量计)(%)	≤1.0	≤3.0	≤5.0
泥块含量(按质量计)(%)	0	≤1.0	≤2.0

三、针片状颗粒含量

针片状颗粒是指卵石、碎石颗粒的长度大于该颗粒所属相应粒级的平均粒径2.4倍者为针状颗粒;厚度小于平均粒径0.4倍者为片状颗粒。根据国家标准《建设用卵石、碎石》(GB/T 14685—2011),卵石、碎石的针片状颗粒含量应符合表3-8的规定。

表3-8　卵石、碎石的针片状颗粒含量

类别	I	II	III
针片状颗粒含量(按质量计)(%)	≤5	≤10	≤15

四、有害物质

有害物质是指粗骨料中含有的有机物、硫化物及硫酸盐或细骨料中含有的云母、轻物质、有机物、硫化物及硫酸盐、氯化物、贝壳等物质。它们的存在,影响骨料质量。根据国家标准《建设用卵石、碎石》(GB/T 14685—2011)及《建设用砂》(GB/T 14684—2011),有害物质的含量应符合表3-9及表3-10的规定。

表3-9　卵石、碎石的有害物质限量

类别	I	II	III
有机物	合格	合格	合格
硫化物及硫酸盐 (按 SO_3 质量计)(%)	≤0.5	≤1.0	≤1.0

表3-10　砂的有害物质限量

类别	I	II	III
有机物	合格		
硫化物及硫酸盐 (按 SO_3 质量计)(%)	≤0.5		
云母(按质量计)(%)	≤1.0	≤2.0	
轻物质(按质量计)(%)①	≤1.0		
氯化物(以氯离子质量计)(%)	≤0.01	≤0.02	≤0.06
贝壳(按质量计)(%)②	≤3.0	≤5.0	≤8.0

注:①轻物质指砂中表观密度小于2 000 kg/m³的物质。
②贝壳限量指标仅适用于海砂,其他砂种不作要求。

五、坚固性

坚固性是指粗细骨料在自然风化和其他外界物理化学因素作用下抵抗破裂的能力。

根据国家标准《建设用卵石、碎石》(GB/T 14685—2011)及《建设用砂》(GB/T 14684—2011),坚固性指标采用硫酸钠溶液法进行试验,卵石、碎石的质量损失应符合表3-11的规定,砂的质量损失应符合表3-12的规定。

表3-11　卵石、碎石的坚固性指标

类别	I	II	III
质量损失(%)	≤5.0	≤8.0	≤12.0

表3-12　砂的坚固性指标

类别	I	II	III
质量损失(%)	≤8.0		≤10.0

六、强度

骨料强度一般由岩石抗压强度或压碎指标表示。根据国家标准《建设用卵石、碎石》（GB/T 14685—2011）的规定，在水饱和状态下，岩石抗压强度火成岩应不小于 80 MPa，变质岩应不小于 60 MPa，水成岩应不小于 30 MPa。压碎指标应符合表 3-13 的规定。

根据国家标准《建设用砂》（GB/T 14684—2011）的规定，机制砂除满足表 3-12 中的指标要求外，压碎指标还应满足表 3-14 的规定。

表 3-13　卵石、碎石的压碎指标

类别	I	II	III
碎石压碎指标（%）	≤10	≤20	≤30
卵石压碎指标（%）	≤12	≤14	≤16

表 3-14　机制砂的压碎指标

类别	I	II	III
单级最大压碎指标（%）	≤20	≤25	≤30

七、碱骨料反应

碱骨料反应指水泥、外加剂等混凝土组成物及环境中的碱与骨料中碱活性矿物在潮湿环境下缓慢发生并导致混凝土开裂的膨胀反应。

国家标准《建设用卵石、碎石》（GB/T 14685—2011）及《建设用砂》（GB/T 14684—2011）规定，经碱骨料反应试验后，试件应无裂缝、酥裂、胶体外溢等现象，在规定的试验龄期膨胀率应小于 0.10%。

八、密度、含水率、吸水率等物理指标

根据国家标准《建设用卵石、碎石》（GB/T 14685—2011）及《建设用砂》（GB/T 14684—2011）规定，粗、细骨料的密度、含水率等物理指标要求分别见表 3-15 及表 3-16。

表 3-15　卵石、碎石的其他物理指标

类别	I	II	III
表观密度（kg/m³）	≥2 600		
连续级配松散堆积空隙率（%）	≤43	≤45	≤47
吸水率（%）	≤1.0	≤2.0	≤2.0
含水率（%）	报告其实测值		
堆积密度（kg/m³）	报告其实测值		

表 3-16　砂的其他物理指标

类别	I	II	III
表观密度(kg/m³)	不小于 2 500		
松散堆积密度(kg/m³)	不小于 1 400		
空隙率(%)	不大于 44		
饱和面干吸水率(%)	当用户有要求时,应报告其实测值		
含水率(%)	当用户有要求时,应报告其实测值		

第二节　骨料技术性质试验检测

　　试验要求:学会骨料的取样方法;掌握骨料筛分析试验方法,评定骨料的颗粒级配和粗细程度;掌握测定砂、石含水率的方法等。

　　本节试验采用的标准及规范如下:

　　(1)《普通混凝土用砂、石质量及检验方法标准》(JGJ 52—2006);

　　(2)《建设用砂》(GB/T 14684—2011);

　　(3)《建设用卵石、碎石》(GB/T 14685—2011);

　　(4)《公路工程集料试验规程》(JTG E42—2005)。

一、骨料的取样方法

(一)取样方法

　　(1)从料堆上取样时,取样部位应均匀分布。取样前应先将取样部位表层铲除,然后从不同部位(在料堆的顶部、中部和底部均匀分布的不同部位)随机抽取大致等量的细骨料 8 份(或粗骨料 16 份),组成一组样品。

　　(2)从皮带运输机上取样时,应用接料器在皮带运输机机头的出料处,用与皮带等宽的容器,全断面定时随机抽取大致等量的砂 4 份(或石子 8 份)组成一组样品。

　　(3)从火车、汽车、货船上取样时,从不同部位和深度抽取大致等量的砂 8 份(或石子 16 份)组成一组样品。

(二)取样数量

　　骨料进行各单项试验的每组试样量应不小于表 3-17 的规定。

(三)试样处理

　　(1)砂的样品用分料器直接缩分或人工四分法缩分。人工四分法缩分的步骤是将砂试样置于平板上,在潮湿状态下拌和均匀,并堆成厚度约为 20 mm 的圆饼,然后沿互相垂直的两条直径把圆饼分成大致相等的四份,取其对角的两份重新拌匀,再堆成圆饼状。重复上述过程,直至缩分后的材料量略多于该项试验所需的数量。

　　(2)碎石或卵石缩分时,应将试样置于平板上,在自然状态下拌均匀,并堆成堆体,然后沿互相垂直的两条直径把锥体分成大致相等的四份,取其中对角线的两份重新拌匀,再堆成堆体。重复上述过程,直至把样品缩分至试验所需量。

（3）堆积密度、机制砂坚固性试验所用试样可不经缩分,在拌匀后直接进行试验。

表 3-17　每一单项试验所需骨料的最少取样数量　　　　　　（单位:kg）

试验项目	细骨料质量	粗骨料质量							
		最大公称直径（mm）下的最少取样量							
		9.5	16.0	19.0	26.5	31.5	37.5	63.0	75.0
颗粒级配	4.4	9.5	16.0	19.0	25.0	31.5	37.5	63.0	80.0
含泥量	4.4	8.0	8.0	24.0	24.0	40.0	40.0	80.0	80.0
泥块含量	20.0	8.0	8.0	24.0	24.0	40.0	40.0	80.0	80.0
坚固性	20.0	按试验要求的粒级和数量取样							
表观密度	2.6	8.0	8.0	8.0	8.0	12.0	16.0	24.0	24.0
堆积密度及空隙率	5.0	40.0	40.0	40.0	40.0	80.0	80.0	120.0	120.0
吸水率	4.4	2.0	4.0	8.0	12.0	20.0	40.0	40.0	40.0
碱骨料反应	20.0	20.0							
压碎指标	按试验要求的粒级和数量取样								
针片状颗粒含量		1.2	4.0	8.0	12.0	20.0	40.0	40.0	40.0

二、砂的筛分析试验

（一）试验目的

通过筛分析,测定砂的颗粒级配,计算细度模数,评定砂的级配及其粗细程度是否符合规范要求,并为混凝土配合比设计提供依据。

（二）主要仪器设备

（1）试验筛:公称直径分别为 150 μm、300 μm、600 μm、1.18 mm、2.36 mm、4.75 mm 及 9.5 mm 的方孔筛各 1 只,筛的底盘和盖各 1 只。

（2）天平:称量 1 000 g,感量 1 g。

（3）摇筛机,见图 3-1。

（4）烘箱:能使温度控制在(105 ±5)℃。

（5）浅盘、毛刷等。

（三）试样准备

用于颗粒级配试验的砂,其粒径不应大于 9.5 mm。在取样前,应先将砂通过 9.5 mm 筛,并算出筛余百分率。若试样含泥量超过 5%,应先用水洗净,然后在潮湿状态下充分拌匀,用四分法缩分至每份不少于 550 g 的试样两份,分别装入两个浅盘中,在(105 ±5)℃的烘箱

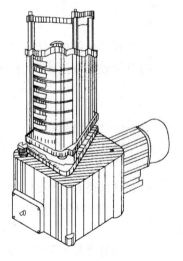

图 3-1　摇筛机

中烘干至恒重,并在干燥器中冷却至室温备用。

(四)试验方法与步骤

(1)称取烘干试样 500 g,精确至 0.5 g。将筛子按筛孔大小自上而下顺序叠置,加底盘后将试样倒入最上层 4.75 mm 筛内,加盖后将套筛置于摇筛机上摇筛约 10 min(如无摇筛机,可采用手筛)。

(2)取下套筛,按筛孔大小顺序再逐个用手筛,筛至每分钟通过量小于试样总量 0.1% 时为止。将通过的试样并入下一号筛中,并和下一号筛中的试样一起过筛,这样顺序进行,直至各号筛全部筛完。

注:①试样如为特细砂,试样质量可减少到 250 g。

②如试样含泥量超过 5%,不宜采用干筛法。

(3)称出各号筛的筛余量,精确至 0.5 g。试样在各号筛上的筛余量不得超过下式计算出的量;否则应将该筛的筛余试样分成两份或数份,再次进行筛分,并以其筛余量之和作为该筛的筛余量。

$$m_r = \frac{A\sqrt{d}}{200} \tag{3-1}$$

式中　m_r——某一个筛上的剩余量,g;

　　　d——筛孔尺寸,mm;

　　　A——筛的面积,mm^2。

(五)结果计算与数据处理

(1)计算分计筛余百分率。

各号筛的分计筛余百分率为各号筛的筛余量除以试样总量的百分率,精确至 0.1%。

(2)计算累计筛余百分率。

各号筛的累计筛余百分率为该号筛的分计筛余百分率与该号筛以上各号筛的分计筛余百分率之和,精确至 0.1%。

筛分后,如每号筛的筛余量与筛底的剩余量之和同原试样质量之差超过 1%,则应重新试验。

(3)根据各号筛的累计筛余百分率,绘制级配曲线。

(4)计算砂的细度模数(精确至 0.01):

$$M_x = \frac{(A_2 + A_3 + A_4 + A_5 + A_6) - 5A_1}{100 - A_1} \tag{3-2}$$

式中　M_x——细度模数;

　　　A_1、A_2、A_3、A_4、A_5、A_6——4.75 mm、2.36 mm、1.18 mm、600 μm、300 μm、150 μm 筛的累计筛余百分率。

(5)累计筛余百分率取两次试验结果的算术平均值,精确至 1%。细度模数取两次试验结果的算术平均值作为测定值,精确至 0.1;如两次试验的细度模数之差大于 0.2,应重新试验。

(6)根据各号筛的累计筛余百分率,采用修约值比较法评定该试样的颗粒级配。

(六)试验记录与结果处理

砂的颗粒级配试验记录与结果处理按表 3-18 进行。

表 3-18　砂的颗粒级配试验记录与结果处理

试样质量(g)			温度 (℃)			相对湿度 (%)		
筛子孔径 (mm)	筛余量(g)		分计筛余百分率 (%)		累计筛余百分率 (%)			标准级配范围
	1组	2组	1组	2组	1组	2组	平均	
4.75								
2.36								
1.18								
0.6								
0.3								
0.15								
<0.15								
合计								
细度模数	1组		2组			平均		
粗细程度			所处级配区					

试验者：　　　　记录者：　　　　校核者：　　　　日期：

分析及讨论：

三、砂的表观密度试验(容量瓶法)

砂的表观密度(也称为视密度)是指包括内部封闭孔隙在内的颗粒单位体积质量,以 g/cm^3 来表示。按颗粒含水状态的不同,有干表观密度与饱和面干表观密度之分。干表观密度是试样在完全干燥状态下测得的,饱和面干表观密度是在颗粒孔隙吸水饱和而外表干燥状态下测得的。

(一)试验目的

测定砂的表观密度,作为评定砂的质量和混凝土配合比设计的依据。

(二)主要仪器设备

(1)天平:称量 1 000 g,感量 1 g。

(2)容量瓶:容量 500 mL。

(3)烘箱:温度控制范围为(105 ± 5)℃。

（4）干燥剂、浅盘、铝制料勺、温度计等。

（三）试样准备

按规定方法取样，并将试样缩分至约 660 g 装入浅盘，放在烘箱中于（105 ± 5）℃ 下烘干至恒量，并在干燥器内冷却至室温后，分为大致相等的两份备用。

（四）试验方法与步骤

（1）称取烘干的试样 300 g（m_0），精确至 0.1 g。将试样装入容量瓶中，注入冷开水至接近 500 mL 的刻度处。

（2）用手旋转摇动容量瓶，使砂样在水中充分摇动以排除气泡，塞紧瓶塞，静置 24 h。然后用滴管小心加水至容量瓶 500 mL 刻度处，再塞紧瓶塞，擦干容量瓶外壁的水分，称其质量（m_1），精确至 1 g。

（3）倒出容量瓶中的水和试样，将瓶的内外洗净，再向瓶内注水（应与步骤（2）水温相差不超过 2 ℃，并在 15 ~ 25 ℃ 范围内）至 500 mL 刻度处，塞紧瓶塞，擦干容量瓶外壁的水分，称其质量（m_2），精确至 1 g。

注：在砂的表观密度试验过程中应测量并控制水的温度，试验的各项称量可在 15 ~ 25 ℃ 的温度范围内进行。从试样加水静置的最后 2 h 起直至试验结束，其温度相差不应超过 2 ℃。

（五）结果计算与数据处理

（1）表观密度按式（3-3）计算，精确至 10 kg/m³：

$$\rho_0 = \left(\frac{m_0}{m_0 + m_2 - m_1} - \alpha_t \right) \times \rho_{水} \qquad (3\text{-}3)$$

式中　ρ_0——表观密度，kg/m³；

　　　$\rho_{水}$——1 000，kg/m³；

　　　m_0——试样的烘干质量，g；

　　　m_1——试样、水及容量瓶总质量，g；

　　　m_2——水及容量瓶的总质量，g；

　　　α_t——水温对砂的表观密度影响的修正系数，见表 3-19。

表 3-19　不同水温对砂的表观密度影响的修正系数

水温（℃）	15	16	17	18	19	20	21	22	23	24	25
修正系数	0.002	0.003	0.003	0.004	0.004	0.005	0.005	0.006	0.006	0.007	0.008

（2）表观密度取两次试验结果的算术平均值，精确至 10 kg/m³；如两次试验结果之差大于 20 kg/m³，应重新取样进行试验。

（3）采用修约值比较法进行评定。

（六）试验记录与结果处理

砂的表观密度（容量瓶法）试验记录与结果处理按表 3-20 进行。

表 3-20 砂的表观密度(容量瓶法)试验记录与结果处理

序号	试验日期		温度(℃)				相对湿度(%)	
	干试样质量 m_0(g)	瓶+干试样+水质量 m_1(g)	瓶+水质量 m_2(g)	$\rho_{水}$(g/cm³)	α_t		干表观密度 $\rho_{0干}$(g/cm³)	干表观密度试验结果(g/cm³)
1								
2								

试验者: 记录者: 校核者: 日期:

分析及讨论:

四、砂的堆积密度与空隙率试验

(一)试验目的

测定砂的松散堆积密度、紧密堆积密度及空隙率,作为配合比设计的依据。

(二)主要仪器设备

(1)烘箱:能使温度控制在(105±5)℃。

(2)天平:称量 10 kg,感量 1 g。

(3)容量筒:见图 3-2,圆柱形金属筒,内径 108 mm,净高 109 mm,壁厚 2 mm,筒底厚约 5 mm,容积为 1 L。

(4)方孔筛:孔径为 4.75 mm 的筛一只。

(5)垫棒:直径 10 mm、长 500 mm 的圆钢。

(6)标准漏斗:见图 3-2。

(7)其他:直尺、浅盘、料勺、毛刷等。

(三)试样准备

取经缩分后的样品不少于 3 L,装入浅盘,在温度为(105±5)℃烘箱中烘干至恒重,待冷却至室温后,筛除大于 4.75 mm 的颗粒,分为大致相等的两份备用。

试样烘干后若有结块,应在试验前先予捏碎。

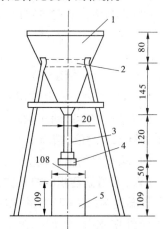

1—漏斗;2—筛子;3—导管;
4—活动门;5—容量筒

图 3-2 标准漏斗与容量筒

（四）试验方法与步骤

1. 松散堆积密度

取试样一份,用漏斗或料勺将试样从容量筒中心上方 50 mm 处徐徐倒入,让试样以自由落体落下,当容量筒上部试样呈锥体,且容量筒四周溢满时,即停止加料。然后用直尺沿筒口中心线向两边刮平(试验过程中应防止触动容量筒),称出试样和容量筒的总质量(m_2),精确至 1 g。

2. 紧密堆积密度

取试样一份,分两层装入容量筒。装完一层后(约稍高于 1/2 筒高),在筒底垫放一根直径为 10 mm 的圆钢,将筒按住,左右交替颠击地面各 25 下,然后装入第二层;第二层装满后用同样方法颠实(但筒底所垫圆钢的方向应与第一层放置方向垂直)后,再加试样直至超出筒口,然后用直尺沿筒口中心线向两边刮平,称出试样和容量筒总质量(m_2),精确至 1 g。

（五）结果计算与数据处理

(1)松散堆积密度(ρ_L)或紧密堆积密度(ρ_C)按式(3-4)计算,精确至 10 kg/m³:

$$\rho_L(\rho_C) = \frac{m_2 - m_1}{V} \times 1\,000 \tag{3-4}$$

式中　　$\rho_L(\rho_C)$——松散堆积密度(紧密堆积密度),kg/m³;

　　　　m_1——容量筒的质量,kg;

　　　　m_2——容量筒和砂样的总质量,kg;

　　　　V——容量筒容积,L。

(2)空隙率按式(3-5)计算,精确至 1%:

$$P' = (1 - \frac{\rho_L}{\rho_0}) \times 100 \quad 或 \quad P' = (1 - \frac{\rho_C}{\rho_0}) \times 100 \tag{3-5}$$

式中　　P'——空隙率(%);

　　　　$\rho_L(\rho_C)$——松散堆积密度(紧密堆积密度),kg/m³。

(3)堆积密度取两次试验结果的算术平均值,精确至 10 kg/m³。空隙率取两次试验结果的算术平均值,精确至 1%。

(4)采用修约值比较法进行评定。

（六）容量筒容积的校正方法

将温度为(20±2)℃的饮用水装满容量筒,用一玻璃板沿筒口推移,使其紧贴水面。擦干筒外壁水分,然后称出其质量,精确至 1 g。容量筒容积按式(3-6)计算,精确至 1 mL:

$$V = m_2' - m_1' \tag{3-6}$$

式中　　V——容量筒容积,mL;

　　　　m_1'——容量筒和玻璃板质量,g;

　　　　m_2'——容量筒、玻璃板和水的总质量,g。

（七）试验记录与结果处理

砂的堆积密度与空隙率试验记录与结果处理按表 3-21 进行。

表 3-21 砂的堆积密度与空隙率试验记录与结果处理

温度(℃)				相对湿度(%)			
序号	容量筒质量 $m_1(g)$	容量筒容积 $V(L)$	试样和容量筒质量 $m_2(g)$	堆积密度 ρ'_0 (kg/m^3)	堆积密度试验结果 (kg/m^3)	空隙率 $P_0(\%)$	空隙率试验结果 (%)
1							
2							

试验者: 记录者: 校核者: 日期:

分析及讨论:

五、砂的含水率试验

(一)试验目的
测定砂的含水率,用于修正混凝土配合比中水和砂的用量。

(二)主要仪器设备
天平(最大称量 2 kg,感量 0.1 g)、烘箱(温度控制范围为(105 ± 5)℃)、容器(如浅盘)等。

(三)试样准备
将自然潮湿状态下的试样用四分法缩分至约 1 100 g,拌匀后分为大致相等的两份,分别存放于干燥密闭的容器中备用。

(四)试验方法与步骤
称取一份试样的质量,精确至 0.1 g。将试样倒入已知质量(m_1)的干燥烧杯中,称量试样与烧杯的总重(m_2)。将烧杯连同试样放入温度为(105 ± 5)℃的烘箱中烘干至恒重,称量烘干后的试样与烧杯的总质量(m_3)。

(五)结果计算与数据处理
(1)砂的含水率按式(3-7)计算,精确至 0.1%:

$$\omega_{WC} = \frac{m_2 - m_3}{m_3 - m_1} \times 100 \tag{3-7}$$

式中 ω_{WC}——砂样的含水率(%);

m_1——烧杯的质量,g;

m_2——未烘干的砂样与烧杯的总质量,g;

m_3——烘干后的砂样与烧杯的总质量,g。

(2)含水率取两次试验结果的算术平均值,精确至0.1%;当两次试验结果之差大于0.2%时,应重新试验。

(六)试验记录与结果处理

砂的含水率试验记录与结果处理按表3-22进行。

表3-22　砂的含水率试验记录与结果处理

试验日期		温度(℃)		相对湿度(%)	
序号	烧杯质量 $m_1(g)$	试样+烧杯质量 $m_2(g)$	烘干试样+烧杯质量 $m_3(g)$	含水率 $\omega_{WC}(\%)$	含水率试验结果(%)
1					
2					

试验者:　　　　　记录者:　　　　　校核者:　　　　　日期:

分析及讨论:

六、砂的含泥量试验

砂的含泥量是指天然砂中粒径小于75 μm的颗粒含量,以质量百分率来表示。泥块含量是指砂中原粒径大于1.18 mm,经水浸洗、手捏后小于600 μm的颗粒含量,以质量百分率来表示。

(一)试验目的

测定砂的含泥量,评定其质量。

(二)主要仪器设备

(1)天平:称量1 000 g,感量1 g。

(2)鼓风干燥箱:能使温度控制在(105±5)℃。

(3)方孔筛:孔径为75 μm及1.18 mm的筛各1只。

(4)容器:当要求淘洗试样时,保持试样不溅出(深度大于250 mm)。

(5)搪瓷盘、毛刷等。

(三)试验步骤

(1)按规定方法取样,并将试样缩分至约1 100 g,放在干燥箱中于(105±5)℃下烘干至恒重,待冷却至室温后,分为大致相等的两份备用。

(2)称取试样500 g,精确至0.1 g。将试样倒入淘洗容器中,注入清水,使水面高于试样面约 150 mm,充分搅拌均匀后,浸泡 2 h,然后用手在水中淘洗试样,使尘屑、淤泥和黏土与砂粒分离,把浑水缓缓倒入 1.18 mm 及 75 μm 的套筛上(1.18 mm 筛放在 75 μm 筛上面),滤去小于 75 μm 的颗粒。试验前筛子的两面应先用水湿润,在整个过程中应小心,防止砂粒流失。

(3)向容器中注入清水,重复上述操作,直至容器内的水目测清澈。

(4)用水淋洗剩余在筛上的细粒,并将 75 μm 的筛放在水中(使水面略高出筛中砂粒的上表面)来回摇动,以充分洗掉小于 75 μm 的颗粒,然后将两只筛的筛余颗粒和清洗容器中已经洗净的试样一并倒入搪瓷盘,放在干燥箱中于(105 ± 5)℃下烘干至恒重,待冷却至室温后,称取其质量,精确至 0.1 g。

(四)结果计算与评定

(1)含泥量按式(3-8)计算,精确至 0.1%:

$$Q_a = \frac{G_0 - G_1}{G_0} \times 100\% \tag{3-8}$$

式中　Q_a——含泥量(%);

　　　G_0——试验前烘干试样的质量,g;

　　　G_1——试验后烘干试样的质量,g。

(2)含泥量取两个试样的试验结果的平均值作为测定值,采用修约值比较法进行评定。

(五)试验记录与结果处理

试验记录与结果处理按表 3-23 进行。

表 3-23　砂的含泥量试验记录与结果处理

试验日期		温度(℃)		相对湿度(%)	
试验次数	试验前烘干试样质量 G_0(g)	试验后烘干试样质量 G_1(g)	含泥量 Q_a(%)		备注
			单值	试验结果	
1					
2					

试验者:　　　　　记录者:　　　　　校核者:　　　　　日期:

分析及讨论:

七、碎石或卵石的筛分析试验

（一）试验目的

测定碎石或卵石的颗粒级配，为混凝土配合比设计提供依据。

（二）主要仪器设备

（1）试验筛：孔径为 90.0 mm、75.0 mm、63.0 mm、53.0 mm、37.5 mm、31.5 mm、26.5 mm、19.0 mm、16.0 mm、9.50 mm、4.75 mm 和 2.36 mm 的方孔筛以及筛的底盘和盖各 1 只，筛框直径为 300 mm。

（2）摇筛机。

（3）天平：称量 10 kg，感量 1 g。

（4）烘箱、浅盘、毛刷等。

（三）试样准备

按规定取样，并将试样缩分至略大于表 3-24 规定的数量，烘干或风干后备用。

表 3-24　筛分析试验所需试样数量

公称粒径(mm)	9.50	16.0	19.0	26.5	31.5	37.5	63.0	75.0
试样最少质量(kg)	1.9	3.2	3.8	5.0	6.3	7.5	12.6	16.0

（四）试验方法与步骤

（1）根据试样的最大粒径，称取按表 3-18 的规定数量试样一份，精确至 1 g。将试样倒入按筛孔大小从上到下组合的套筛（附筛底）上，然后进行筛分。

（2）将套筛置于摇筛机上，摇 10 min；取下套筛，按筛孔大小顺序再逐个用手筛，筛至每分钟通过量小于试样总量的 0.1% 为止。将通过的颗粒并入下一号筛中，并和下一号筛中的试样一起过筛，这样顺序进行，直至各号筛全部筛完。当筛余颗粒的粒径大于 19.0 mm 时，在筛分过程中，允许用手拨动颗粒。

（3）称出各号筛的筛余量，精确至 1 g。

（五）结果计算与评定

（1）计算分计筛余百分率：各号筛的筛余量与试样总质量之比，精确至 0.1%。

（2）计算累计筛余百分率：该号筛及以上各筛的分计筛余百分率之和，精确至 0.1%。

筛分后，如每号筛的筛余量与筛底的筛余量之和同原试样质量之差超过 1%，则应重新试验。

（3）取两次试验结果的算术平均值作为试验结果。

（4）根据各号筛的累计筛余百分率，采用修约值比较法评定该试样的颗粒级配。

（六）试验记录与结果处理

碎石或卵石的颗粒级配试验记录与结果处理按表 3-25 进行。

表 3-25　碎石或卵石的颗粒级配试验记录与结果处理

试验日期			温度(℃)			相对湿度(%)		
筛子孔径 (mm)	筛余量(g)		分计筛余 百分率(%)		累计筛余 百分率(%)			标准级配范围
	1组	2组	1组	2组	1组	2组	平均	
90								
75								
63								
53								
37.5								
31.5								
26.5								
19								
16								
9.5								
4.75								
2.36								
颗粒级配评价								

试验者：　　　　记录者：　　　　校核者：　　　　日期：

分析及讨论：

八、碎石或卵石的表观密度试验(液体比重天平法)

粗骨料的表观密度(也称为视密度)是颗粒(包括内部封闭孔隙在内)单位体积的质量。

(一)试验目的

粗骨料的表观密度可以反映骨料的坚实、耐久程度。测定碎石或卵石的表观密度,作为评定石子的质量和混凝土配合比设计的依据。

(二)环境条件

试验时各项称量可在 15~25 ℃ 范围内进行,但从试样加水静止的 2 h 起至试验结束,其温度变化不应超过 2 ℃。

（三）主要仪器设备

（1）液体天平:称量 5 kg,感量 5 g,其型号及尺寸应能允许在臂上悬挂盛试样的吊篮,并能将吊篮放在水中称量。

（2）吊篮:直径和高度均为 150 mm,由孔径为 1 ~ 2 mm 的筛网或钻有孔径为 2 ~ 3 mm 孔洞的耐锈蚀金属板制成。

（3）试验筛:筛孔公称直径为 4.75 mm 的方孔筛 1 只。

（4）烘箱、盛水容器、温度计、带盖容器、浅盘、刷子和毛巾等。

（四）试样制备

按规定取样,并缩分至略大于表 3-26 规定的数量,风干后筛除小于 4.75 mm 的颗粒,然后洗刷干净,分为大致相等的两份备用。

表 3-26　表观密度试验所需的试样最少质量

最大公称粒径(mm)	<26.5	31.5	63.0	75.0
试样最少质量(kg)	2.0	3.0	6.0	6.0

（五）试验方法与步骤

（1）取试样一份装入吊篮,并浸入盛水的容器中,水面至少高出试样 50 mm。浸泡 24 h 后,移放到称量用的盛水容器中,并用上下升降吊篮的方法排除气泡(试样不得露出水面)。吊篮每升降一次约 1 s,升降高度为 30 ~ 50 mm。

（2）测定水温后(此时吊篮应完全浸在水中),用天平准确称出吊篮及试样在水中的质量(m_2),精确至 5 g。称量时盛水容器中水面的高度由容器的溢流孔控制。

（3）提起吊篮,将试样倒入浅盘,放入(105 ± 5)℃的烘箱中烘干至恒量;取出来放在带盖的容器中,冷却至室温后,称重(m_0),精确至 5 g。

（4）称出吊篮在同样温度的水中的质量(m_1),精确至 5 g。称量时盛水容器的水面高度仍由溢流孔控制。

（六）结果计算与数据处理

（1）表观密度按式(3-9)计算,精确至 10 kg/m³:

$$\rho = \left(\frac{m_0}{m_0 + m_1 - m_2} - \alpha_t \right) \times 1\,000 \tag{3-9}$$

式中　ρ——表观密度,kg/m³;

　　　m_0——试样的烘干质量,g;

　　　m_1——吊篮在水中的质量,g;

　　　m_2——吊篮及试样在水中的质量,g;

　　　α_t——水温对表观密度影响的修正系数,见表 3-27。

表 3-27　不同水温下碎石或卵石的表观密度影响的修正系数

水温(℃)	15	16	17	18	19	20	21	22	23	24	25
α_t	0.002	0.003	0.003	0.004	0.004	0.005	0.005	0.006	0.006	0.007	0.008

（2）表观密度取两次试验结果的算术平均值。当两次试验结果之差大于 20 kg/m³

时,应重新取样进行试验。对颗粒材质不均匀的试样,当两次试验结果之差大于 20 kg/m³时,可取 4 次测定结果的算术平均值作为测定值。

(七)试验记录与结果处理

碎石或卵石的表观密度(液体比重天平法)试验记录与结果处理按表 3-28 进行。

表 3-28　碎石或卵石的表观密度(液体比重天平法)试验记录与结果处理

试验日期			温度(℃)		相对湿度(%)		
序号	烘干试样质量 m_0(g)	吊篮+试样在水中的质量 m_2(g)	吊篮在水中的质量 m_1(g)	$\rho_水$ (kg/m³)	α_t	表观密度 ρ_0 (kg/m³)	表观密度试验结果 (kg/m³)
1				1 000			
2				1 000			

试验者:　　　　记录者:　　　　校核者:　　　　日期:

分析及讨论:

九、碎石和卵石的堆积密度试验

(一)试验目的

测定碎石和卵石在松散或振实状态下的堆积密度,可供混凝土配合比设计用,也可用来估算运输工具数量或堆场面积等。根据骨料的堆积密度和表观密度还可计算其空隙率。

(二)主要仪器设备

(1)天平:称量 10 kg,感量 10 g;称量 50 kg,或称量 100 kg,感量 50 g 各 1 台。

(2)容量筒:容量筒规格见表 3-29。

(3)垫棒:直径 16 mm、长 600 mm 的圆钢。

(4)平头铁锹、直尺、小铲等。

表 3-29　容量筒的规格要求

最大粒径(mm)	容量筒容积(L)	容量筒规格		
		内径(mm)	净高(mm)	壁厚(mm)
9.5,16.0,19.0,26.5	10	208	294	2
31.5,37.5	20	294	294	3
53,63.0,75.0	30	360	294	4

注:测定紧密堆积密度时,对最大公称粒径为 31.5 mm、37.5 mm 的骨料,可采用 10 L 的容量筒;对最大公称粒径为 63.0 mm、80 mm 的骨料,可采用 20 L 容量筒。

（三）试样准备

按规定取样:当骨料最大粒径为 9.5 ~ 26.5 mm、31.5 ~ 37.5 mm、63 ~ 75 mm 时,分别取不少于 40 kg、80 kg、120 kg 试样,放入浅盘,在(105 ± 5)℃的烘箱中烘干或摊在洁净地面上风干,拌匀后把试样分为大致相等的两份备用。

（四）试验方法与步骤

(1)按所测试样的最大粒径选取容量筒,称出容量筒质量 m_1。

(2)松散堆积密度。

取试样一份,置于平整干净的地板(或铁板)上,用小铲将试样从容量筒口中心上方 50 mm 处徐徐倒入,让试样以自由落体落下,当容量筒上部试样呈堆体,且容量筒四周溢满时,即停止加料。除去凸出筒口表面的颗粒,并以合适的颗粒填入凹陷部分,使表面稍凸起部分和凹陷部分的体积大致相等(试验过程中应防止触动容量筒),称出试样和容量筒总质量 m_2。

(3)紧密堆积密度。

取试样一份,分 3 次装入容量筒。装完第一层后,在筒底垫放一根直径为 16 mm 的圆钢,将筒按住,左右交替颠击地面各 25 次,再装入第二层,第二层装满后,用同样方法颠实(但筒底所垫钢筋的方向应与第一层放置方向垂直),然后装入第三层,第三层装满后,用同样方法颠实(但筒底所垫钢筋的方向应与第一层的方向平行)。待三层试样装填完毕后,再加试样直至超过容量筒筒口,用钢尺沿筒口边缘滚转,刮去高出筒口的颗粒,并用合适的颗粒填平凹陷部分,使表面稍凸起部分与凹陷部分的体积大致相等。称取试样和容量筒总质量 m_2,精确至 10 g。

（五）结果计算与数据处理

(1)松散堆积密度(ρ_L)及紧密堆积密度(ρ_C)按式(3-10)计算,精确至 10 kg/m³:

$$\rho_L(\rho_C) = \frac{m_2 - m_1}{V} \times 1\,000 \tag{3-10}$$

式中　$\rho_L(\rho_C)$——松散堆积密度(紧密堆积密度),kg/m³;

　　　m_1——容量筒的质量,kg;

　　　m_2——容量筒和试样的总质量,kg;

　　　V——容量筒容积,L。

(2)空隙率按式(3-11)计算,精确至 1%:

$$P = \left(1 - \frac{\rho_L(\rho_C)}{\rho}\right) \times 100 \tag{3-11}$$

式中　P——空隙率(%);

　　　$\rho_L(\rho_C)$——按式(3-10)计算的松散堆积密度(或紧密堆积密度),kg/m³;

　　　ρ——按式(3-9)计算的表观密度,kg/m³。

(3)堆积密度取两次试验结果的算术平均值,精确至 10 kg/m³。空隙率取两次试验结果的算术平均值,精确至 1%。

(4)采用修约值比较法进行评定。

（六）容量筒的校准方法

将温度为(20 ± 2)℃的饮用水装满容量筒，用一玻璃板沿筒口滑移，使其紧贴水面。擦干筒外壁水分，然后称其质量，精确至 10 g。用式(3-12)计算容量筒的容积，精确至 1 mL：

$$V = m_2' - m_1' \tag{3-12}$$

式中　V——容量筒容积，mL；

　　　m_1'——容量筒和玻璃板的质量，g；

　　　m_2'——容量筒、玻璃板和水的总质量，g。

（七）试验记录与结果处理

碎石或卵石的堆积密度与空隙率试验记录与结果处理按表 3-30 进行。

表 3-30　碎石或卵石的堆积密度与空隙率试验记录与结果处理

试验日期			温度（℃）			相对湿度（%）	
序号	容量筒质量 m_1(kg)	容量筒容积 V(L)	试样＋容量筒质量 m_2(kg)	堆积密度 ρ_0'（kg/m³）	堆积密度试验结果（kg/m³）	空隙率 P_0（%）	空隙率试验结果（%）
1							
2							

试验者：　　　　记录者：　　　　校核者：　　　　日期：

分析及讨论：

十、碎石或卵石的含水率试验

（一）试验目的

测定碎石或卵石的含水率，用于修正混凝土配合比中水和石子的用量。

（二）主要仪器设备

(1)烘箱：温度控制范围为(105 ± 5)℃。

(2)天平或电子秤：称量 10 kg，感量 1 g。

(3)小铲、搪瓷盘、毛巾、刷子等。

（三）试样准备

按规定方法取样，并将试样缩分至约 4.0 kg，拌匀后分为大致相等的两份备用。

（四）试验方法与步骤

称取试样一份(m_1)，精确至 1 g，放在干燥箱中于(105 ± 5)℃下烘干至恒重，待冷却至室温后，称取其质量(m_2)，精确至 1 g。

（五）结果计算与数据处理

（1）含水率按式（3-13）计算，精确至 0.1%：

$$\omega_{WC} = \frac{m_1 - m_2}{m_2} \times 100 \tag{3-13}$$

式中　　ω_{WC}——含水率（%）；

m_1——烘干前试样的质量，g；

m_2——烘干后试样的质量，g。

（2）含水率取两次试验结果的算术平均值，精确至 0.1%。

（六）试验记录与结果处理

碎石或卵石的含水率试验记录与结果处理按表3-31进行。

表 3-31　碎石或卵石的含水率试验记录与结果处理

试验日期		温度（℃）		相对湿度（%）	
序号	烘干前 试样质量 m_1（g）	烘干后 试样质量 m_2（g）		含水率 ω_{WC}（%）	含水率 试验结果 （%）
1					
2					

试验者：　　　　　记录者：　　　　　校核者：　　　　　日期：

分析及讨论：

第四章　普通混凝土技术性质及其试验检测

第一节　普通混凝土技术性质

普通混凝土是由水泥、粗细骨料和水按适当比例配制,必要时掺入一定数量的外加剂及掺合料,拌和均匀、成型密实,经一定时间硬化而成的人造石材。

混凝土拌合物必须具有良好的和易性,便于施工,以保证能获得良好的浇筑质量,混凝土拌合物的性能主要考虑其和易性和凝结时间。混凝土硬化后,要具有足够的强度、耐久性等技术性质。

一、和易性

和易性是指混凝土拌合物在一定的施工条件下,便于施工操作(拌和、运输、浇筑、捣实)并能获得质量均匀、成型密实的混凝土的性能。和易性是一项综合的技术性质,包括流动性、黏聚性、保水性等三方面的性能。

流动性是指混凝土拌合物在本身自重或机械振捣的作用下,能产生流动,并均匀密实地填满模板的性能。黏聚性是指混凝土拌合物在施工过程中其组成材料之间有一定的黏聚力,不致产生分层和离析的现象。保水性是指混凝土拌合物具有一定的保水能力,不致在施工过程中产生严重的泌水现象。

由此可见,混凝土拌合物的流动性、黏聚性、保水性有其各自的内容,而彼此既互相联系又存在矛盾。所谓的和易性,就是这三方面的性质在某种具体条件下达到统一的概念。

由于和易性是一项综合技术性质,目前,尚没有能够全面反映混凝土拌合物和易性的测定方法。通常是以测定拌合物的稠度(流动性)为主,辅以观察的方法评定黏聚性和保水性。

《普通混凝土拌合物性能试验方法标准》(GB/T 50080—2002)规定,根据混凝土拌合物的流动性不同,混凝土的稠度测定采用坍落度与坍落扩展度法或维勃稠度法。

二、强度

根据荷载作用方式的不同,混凝土强度分为抗压强度、抗拉强度、抗弯强度、抗剪强度等,其中以抗压强度最大,结构物常以抗压强度为主要参数进行设计,而且抗压强度又与其他强度存在一定的内在联系,因此工程实践中常以抗压强度评价混凝土质量。

(一)抗压强度

混凝土立方体试件抗压强度:将混凝土拌合物制做成边长为150 mm的立方体试件,在标准条件(温度(20 ± 2)℃,相对湿度95%以上)下,养护至28 d龄期,用标准试验方法测得的抗压强度值为混凝土立方体试件抗压强度。

混凝土立方体抗压强度标准值:按标准方法制作和养护的边长为 150 mm 的立方体试件,在 28 d 龄期,用标准试验方法测得的具有 95% 保证率的抗压强度值。

强度等级:按混凝土立方体抗压强度标准值来划分。采用符号 C 与立方体抗压强度标准值(以 MPa 计)表示。

混凝土轴心抗压强度:制作 150 mm × 150 mm × 300 mm 棱柱体标准试件,在标准条件(温度(20 ±2)℃,相对湿度 95% 以上)下,养护至 28 d 龄期,用标准试验方法测得的抗压强度值称为混凝土轴心抗压强度。

(二)抗拉强度

混凝土是一种脆性材料,抗拉强度很小。混凝土在工作时一般不依靠其抗拉强度,但抗拉强度对于抗开裂具有重要意义,在结构设计中抗拉强度是确定混凝土抗裂度的重要指标。我国常采用混凝土劈裂抗拉强度指标。

劈裂抗拉强度:采用边长为 150 mm 立方体试件的劈裂抗拉试验来测定混凝土的抗拉强度,称为劈裂抗拉强度。

三、变形性能

混凝土的变形包括非荷载作用下的变形和荷载作用下的变形。非荷载作用下的变形分化学收缩(自生体积变形)、干湿变形(物理收缩)、温度变形。荷载作用下的变形分短期荷载作用下的变形(弹塑性变形)和长期荷载作用下的变形(徐变)。

四、耐久性

耐久性是指混凝土在使用条件下抵抗介质作用并长期保持其良好的使用性能和外观完整性,从而维持混凝土结构的安全、正常使用的能力。混凝土的耐久性是一个综合性的指标,包括抗渗性、抗冻性、抗腐蚀性、抗碳化性、抗磨性、抗碱 – 集料反应及混凝土中的钢筋耐锈蚀能力等性能。混凝土所处的环境条件不同,混凝土耐久性应考虑的因素也不同。

(一)抗渗性

抗渗性是指混凝土抵抗压力水或油等液体渗透的能力。混凝土的抗渗性直接影响其抗冻性和抗侵蚀性。混凝土的抗渗性用抗渗等级表示。

抗渗等级是以 28 d 龄期的混凝土标准试件($\phi_1 175 \times \phi_2 185 \times h150$),按标准方法进行试验,用每组 6 个标准试件中 4 个试件未出现渗水时的最大水压力来表示。

混凝土的抗渗等级共分 5 级:W4、W6、W8、W10、W12。抗渗等级 ≥W6 级的混凝土称为抗渗混凝土。

(二)抗冻性

抗冻性是指混凝土在吸水饱和状态下,经受多次冻融循环作用,能保持强度和外观完整性的能力。混凝土的抗冻性用抗冻等级表示。

抗冻等级采用慢冻法,以龄期 28 d 的混凝土标准试件(150 mm × 150 mm × 150 mm)在吸水饱和状态下,承受反复冻融循环,以抗压强度下降不超过 25% ,而且质量损失不超过 5% 时所能承受的最大冻融循环次数来确定。

一般将混凝土的抗冻等级分 9 级:F10、F15、F25、F50、F100、F150、F200、F250、F300。

抗冻等级≥F50的混凝土称为抗冻混凝土。

对高抗冻性的混凝土，其抗冻性可采用快冻法，即以龄期28 d的混凝土抗冻试件（100 mm×100 mm×400 mm）在吸水饱和状态下，承受反复冻融循环，以相对动弹性模量值不小于60%，且质量损失率不超过5%时所能承受的最大循环次数来表示。

（三）碱–集料反应

碱–集料反应是指水泥、外加剂等混凝土构成物及环境中的碱与活性集料中的活性成分反应，在潮湿环境下缓慢发生并导致混凝土开裂破坏的膨胀反应。碱–集料反应包括碱–硅酸盐反应和碱–碳酸盐反应两大类。

发生碱–集料反应，必须同时具备下列三个条件：含碱量高；集料中存在碱活性矿物；环境潮湿，水分渗入混凝土。

第二节　普通混凝土技术性质试验检测

试验要求：了解影响普通混凝土拌合物工作性能的主要因素，学会根据给定的配合比进行各组成材料的称量和试拌，并测定其和易性。了解影响混凝土强度的主要因素，学会混凝土抗压强度试件的制作和标准养护，并能正确地进行抗压强度和抗拉强度（采用劈裂法）的测定。

本节试验采用的标准及规范：

（1）《普通混凝土拌合物性能试验方法标准》（GB/T 50080—2002）；

（2）《普通混凝土力学性能试验方法标准》（GB/T 50081—2002）；

（3）《混凝土强度检验评定标准》（GB/T 50107—2010）；

（4）《混凝土质量控制标准》（GB/T 50164—2011）；

（5）《普通混凝土配合比设计规程》（JGJ 55—2011）；

（6）《混凝土结构工程施工质量验收规范》（GB 50204—2002）。

一、普通混凝土的配合比设计计算

（一）试验目的

依据给定的相关基础资料，根据现行相关规范的规定，在确定配合比设计三大基本参数——水灰比、单位用水量、砂率的基础上，初步计算出1 m³混凝土中各种原材料的用量。

（二）依据的规范标准

本设计计算依据《普通混凝土配合比设计规程》（JGJ 55—2011）进行。

（三）基础资料及设计要求

基础资料：某露天工程需浇筑C30钢筋混凝土，无冻害要求，施工要求坍落度30～50 mm。原材料水泥为42.5级普通硅酸盐水泥，密度3.1 g/cm³；砂的含水率应小于0.5%，其细度模数、视密度、松散堆积密度等参数参照第三章的试验结果取用；石子为最大粒径40 mm的碎石，表观密度2 740 kg/m³，松散堆积密度1 530 kg/m³，含水率应小于0.2%。

（注：具体试验时，指导老师可视情况重新给定本试验的基础资料，但应提前一周进行相关布置安排，以便学生在本试验开始前完成初步配合比的计算工作。）

设计要求:利用所给基本资料,计算混凝土初步配合比。

(四)设计计算方法步骤

对强度等级小于 C60 的普通混凝土,可按以下步骤进行初步配合比的计算。

1.确定配制强度 $f_{cu,0}$

若混凝土设计强度等级为 $f_{cu,k}$,则在通常情况下,其配制强度 $f_{cu,0}$ 取为

$$f_{cu,0} = f_{cu,k} + 1.645\sigma \tag{4-1}$$

当无实测统计资料时,标准差 σ 可按经验选取:普通混凝土工程可依据《普通混凝土配合比设计规程》(JGJ 55—2011)按表 4-1 取值;水工混凝土工程则可依据《水工混凝土试验规程》(SL 352—2006)或《水工混凝土配合比设计规程》(DL/T 5330—2005)进行取值。

表 4-1　普通混凝土强度标准差 σ 选用表

混凝土强度等级	≤C30	C25 ~ C45	C50 ~ C55
$\sigma(MPa)$	4.0	5.0	6.0

2.确定水灰比(W/C)

(1)根据以上计算所得的配制强度 $f_{cu,0}$,依据经验公式(4-2)计算满足设计强度等级要求的水灰比:

$$W/C = \frac{\alpha_a f_{ce}}{f_{cu,0} + \alpha_a \alpha_b f_{ce}} \tag{4-2}$$

式中　W/C——水灰比,即混凝土中水与水泥的质量比;

　　　α_a、α_b——回归系数,当无试验统计资料时,可按经验取用:粗骨料为碎石时,$\alpha_a = 0.53$、$\alpha_b = 0.20$,粗骨料为卵石时,$\alpha_a = 0.49$、$\alpha_b = 0.13$;

　　　f_{ce}——水泥 28 d 胶砂抗压强度,MPa,当无实测值时,可按式(4-3)确定。

$$f_{ce} = \gamma_c f_{ce,g} \tag{4-3}$$

其中　$f_{ce,g}$——水泥强度等级值,MPa;

　　　γ_c——水泥强度等级值的富余系数,可按实测统计资料确定,当无实测统计资料时,可按经验取用:水泥为 32.5 级时,$\gamma_c = 1.12$,水泥为 42.5 级时,$\gamma_c = 1.16$,水泥为 52.5 级时,$\gamma_c = 1.10$。

(2)对有抗渗、抗冻等耐久性要求的混凝土,其最大水灰比应不超过表 4-2、表 4-3 的要求。

表 4-2　抗渗混凝土最大水灰比

设计抗渗等级	最大水灰比	
	C20 ~ C30	C30 以上
W6	0.60	0.55
W8 ~ W12	0.55	0.50
W12 以上	0.50	0.45

表4-3　抗冻混凝土最大水灰比和最小水泥用量

设计抗冻等级	最大水灰比		最小水泥用量（kg/m³）
	无引气剂时	掺引气剂时	
F50	0.55	0.60	300
F100	0.50	0.55	320
不低于 F150	—	0.50	350

（3）根据上述强度、耐久性的要求，综合确定水灰比的取用值。

3. 确定单位用水量（m_w）

混凝土的单位用水量应根据施工要求的混凝土流动性及所用骨料的种类、规格确定。具体设计时，塑性和干硬性混凝土的单位用水量可按表4-4确定。

表4-4　塑性和干硬性混凝土的单位用水量　（单位：kg/m³）

拌合物稠度		卵石最大公称粒径（mm）				碎石最大公称粒径（mm）			
项目	指标	10	20	31.5	40	16	20	31.5	40
维勃稠度（s）	16～20	175	160		145	180	170		155
	11～15	180	165		150	185	175		160
	5～10	185	170		155	190	180		165
坍落度（mm）	10～30	190	170	160	150	200	185	175	165
	35～50	200	180	170	160	210	195	185	175
	55～70	210	190	180	170	220	205	195	185
	75～90	215	195	185	175	230	215	205	195

注：1. 本表中塑性混凝土用量为水灰比在 0.40～0.80 时的取值，当水灰比小于 0.40 时，用水量可通过试验确定。

2. 本表用水量是采用中砂时的平均取值，采用细砂时，每立方米混凝土用水量可增加 5～10 kg；采用粗砂时，则可减少 5～10 kg。

3. 掺用各种外加剂或掺合料时，用水量应相应调整。

4. 计算水泥用量（m_c）

根据已确定的每立方米混凝土的用水量（m_w）和水灰比（W/C），即可求出水泥用量（m_c）。

$$m_c = \frac{m_w}{W/C} \tag{4-4}$$

根据混凝土的耐久性要求，混凝土中的水泥用量还应满足表4-3、表4-5中最小水泥用量的规定。若计算的水泥用量低于表4-3、表4-5中规定的最小水泥用量值，则应取规定的最小水泥用量作为计算结果。

表 4-5　混凝土最小水泥用量

最大水灰比	最小水泥用量（kg/m³）		
	素混凝土	钢筋混凝土	预应力混凝土
0.60	250	280	300
0.55	280	300	300
0.50	320		
≤0.45	330		

5. 确定砂率（β_s）

混凝土的砂率应根据骨料的技术性质、混凝土拌合物的性能和施工要求，参考已有历史经验资料确定。当无历史经验资料时，混凝土砂率的确定应符合以下要求：

（1）对于坍落度为 10～60 mm 的混凝土，可根据粗骨料的种类、最大公称粒径及混凝土水灰比，参考表 4-6 选用砂率。

表 4-6　混凝土的砂率　　　　　　　　　　（%）

水灰比（W/C）	卵石最大公称粒径（mm）			碎石最大公称粒径（mm）		
	10	20	40	16	20	40
0.40	26～32	25～31	24～30	30～35	29～34	27～32
0.50	30～35	29～34	28～33	33～38	32～37	30～35
0.60	33～38	32～37	31～36	36～41	35～40	33～38
0.70	36～41	35～40	34～39	39～44	38～43	36～41

注：1. 本表数值为中砂的选用砂率，对于细砂或粗砂，可相应地减小或增大砂率。

　　2. 只用一个单粒级粗骨料配制混凝土时，砂率应适当增大。

　　3. 当采用人工砂配制混凝土时，砂率可适当增大。

（2）对于坍落度大于 60 mm 的混凝土，其砂率可经试验确定，也可在表 4-6 的基础上，按坍落度每增大 20 mm，砂率增大 1% 的幅度予以调整。

6. 计算砂、石用量（m_s、m_g）

砂、石的用量可用质量法或体积法计算确定。

1）质量法（也称假定表观密度法）

通过假定 1 m³ 混凝土拌合物的质量 m_{cp}（表观密度），按式（4-5）计算砂、石的用量：

$$\left.\begin{array}{l} m_w + m_c + m_s + m_g = m_{cp} \\ \beta_s = \dfrac{m_s}{m_s + m_g} \times 100\% \end{array}\right\} \qquad (4\text{-}5)$$

式中　m_w、m_c、m_s、m_g ——1 m³ 混凝土中水、水泥、砂、石的用量，kg；

　　　m_{cp}——1 m³ 混凝土拌合物的假定质量，其值可取 2 350～2 450 kg；

　　　β_s——砂率（%）。

2）体积法（也称绝对体积法）

假定 1 m³ 混凝土拌合物中各组成材料的绝对体积和所含空气的体积之和，恰好等于

1 m³。因此,可按式(4-6)计算砂、石的用量:

$$\left.\begin{aligned} \frac{m_w}{\rho_w} + \frac{m_c}{\rho_c} + \frac{m_s}{\rho_{s0}} + \frac{m_g}{\rho_{g0}} + 0.01\alpha = 1 \\ \beta_s = \frac{m_s}{m_s + m_g} \times 100\% \end{aligned}\right\} \tag{4-6}$$

式中　ρ_w——水的密度,可取 1 000 kg/m³;

$\quad\quad\rho_c$——水泥的密度,可实测确定,也可取 2 900 ~ 3 100 kg/m³;

$\quad\quad\rho_{s0}$、ρ_{g0}——砂、石的表观密度,通过实测确定,kg/m³;

$\quad\quad\alpha$——混凝土含气量百分数,在不使用引气剂或引气型外加剂时,α 可取为 1。

通过以上步骤可求出 1 m³ 混凝土中水、水泥、砂和石子的用量,即混凝土初步配合比。

7. 设计计算过程及成果

混凝土初步配合比设计计算过程:

混凝土初步配合比设计成果见表 4-7。

表 4-7　混凝土初步配合比设计成果

设计指标	混凝土设计强度等级		抗渗等级		抗冻等级		坍落度要求(mm)	
原材料	水泥	品种	强度等级	密度(g/cm³)	3 d 抗折强度(MPa)	3 d 抗压强度(MPa)	28 d 抗折强度(MPa)	28 d 抗压强度(MPa)
	砂	种类	细度模数	表观密度(kg/m³)		堆积密度(kg/m³)		
	石子	种类	规格	表观密度(kg/m³)		堆积密度(kg/m³)		
配合比设计参数	标准差(MPa)		配制强度(MPa)		水灰比	单位用水量(kg/m³)		砂率(%)
初步配合比(kg/m³)	水泥	水		砂		石子	掺合料	外加剂

试验者:　　　　记录者:　　　　校核者:　　　　日期:

二、混凝土拌合物试验室拌和

(一)试验目的

掌握普通混凝土拌制方法,为确定混凝土配合比或检验混凝土各项性能提供试样。

(二)主要仪器设备

混凝土搅拌机、磅秤、天平、拌和钢板、量筒、拌铲、直尺、抹刀等。

(三)试样准备

1.取样方法

(1)同一组混凝土拌合物的取样应从同一盘混凝土或同一车混凝土中取样。取样量应多于试验所需量的 1.5 倍,且不少于 20 L。

(2)混凝土拌合物的取样应具有代表性,宜采用多次采样的方法。一般在同一盘混凝土或同一车混凝土中的约 1/4 处、1/2 处和 3/4 处之间分别取样,从第一次取样到最后一次取样不宜超过 15 min,然后人工搅拌均匀。

(3)从取样完毕到开始做各项性能试验不宜超过 5 min。

2.拌制方法

(1)在试验室制备混凝土拌合物时,拌和时试验室的温度应保持在(20 ± 5)℃,所用材料的温度应与试验室温度保持一致。

(2)原材料应符合技术要求,并与施工实际用料相同,水泥若有结块现象,需用筛孔为 0.9 mm 的方孔筛将结块筛除。

(3)当用试验室拌制的混凝土制作试件时,其材料用量以质量计,称量的精度为:水、水泥、掺合料和外加剂均为 ±0.5% ;骨料为 ±1%。

(4)从试样制备完毕到开始各项性能试验不宜超过 5 min。

(四)拌和方法

1.人工拌和法

(1)按所定的配合比备料,以全干状态为准。

(2)将拌和钢板和拌铲用湿布润湿后,将砂倒在拌板上,加入水泥,用铲自拌板一端翻拌至另一端,然后再翻拌回来,如此反复,直至颜色混合均匀,再加上石子,翻拌至混合均匀为止,然后堆成锥形。

(3)在干混合物锥形的中间做一凹槽,将已称量好的水,倒一半左右到凹槽中,然后仔细翻拌,并徐徐加入剩余的水,继续翻拌。每翻拌一次,用铲在混合料上铲切一次,直到拌和均匀。

(4)拌和时力求动作敏捷,拌和时间从加水时算起,应大致符合下列规定:拌合物体积为 30 L 以下时 4 ~ 5 min;拌合物体积为 30 ~ 50 L 时 5 ~ 9 min;拌合物体积为 51 ~ 75 L 时 9 ~ 12 min。

(5)拌好后,立即做和易性试验或试件成型,从开始加水时算起,全部操作须在 30 min 内完成。

2.机械搅拌法

(1)按所定的配合比备料,以全干状态为准。

（2）拌前先对混凝土搅拌机挂浆，即用按配合比要求的水泥、砂、水和少量石子，在搅拌机中搅拌，然后倒去多余砂浆和石子。其目的在于防止正式搅拌时水泥浆挂失影响混凝土配合比。

（3）将称好的石子、砂、水泥按顺序倒入搅拌机内，先搅拌均匀，再将需用的水徐徐倒入搅拌机内一起拌和，全部加料时间不得超过 2 min，水全部加入后，再拌和 2 min。

（4）将拌合物自搅拌机中卸出，倾倒在拌板上，再经人工拌和 1～2 min。

（5）拌好后，根据试验要求，即可做和易性试验或试件成型。从开始加水时算起，全部操作须在 30 min 内完成。

三、混凝土拌合物和易性试验

混凝土拌合物的稠度应以坍落度、维勃稠度和扩展度表示。坍落度检验适用于坍落度不小于 10 mm 的混凝土拌合物，维勃稠度检验适用于维勃稠度 5～30 s 的混凝土拌合物，扩展度检验适用于泵送高流动混凝土和自密实混凝土。

（一）坍落度法检验新拌混凝土和易性试验

1. 试验目的及适用范围

测定塑性混凝土拌合物的和易性，以评定混凝土拌合物的质量，供调整混凝土试验室配合比用。坍落度法适用于骨料最大粒径不大于 40 mm、坍落度不小于 10 mm 的混凝土拌合物和易性测定。

2. 主要仪器设备

（1）混凝土搅拌机。

（2）坍落度筒（见图 4-1（a）），筒的内部尺寸为：底部直径为（200 ± 2）mm；顶部直径为（100 ± 2）mm，高度为（300 ± 2）mm，筒壁厚度不小于 1.5 mm。在坍落度筒外 2/3 高度处安两个把手，下端应焊脚踏板。

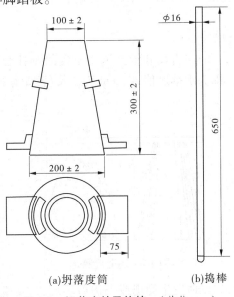

(a)坍落度筒　　(b)捣棒

图 4-1　坍落度筒及捣棒　（单位：mm）

（3）铁制捣棒（见图4-1（b）），直径16 mm、长650 mm，一端为弹头形。

（4）钢尺和直尺（500 mm，最小刻度1 mm）。

（5）小铁铲、抹刀、喂料斗。

3.试样准备

（1）按拌和15 L混凝土计算试配拌合物的各材料用量，并将所得结果记录在试验报告中。

（2）按上述计算称量各组成材料，同时另外还需备好两份为坍落度调整用的水泥、水、砂、石子，其数量可各为原来用量的5%与10%，备用的水泥、水及砂、石子的比例应符合原定的水灰比及砂率。拌和用的骨料应提前送入室内，拌和时试验室的温度应保持在（20±5）℃。

（3）按照混凝土拌合试验方法拌制约15 L混凝土拌合物。

4.试验方法与步骤

（1）湿润坍落度筒及底板，在坍落度筒内壁和底板上应无明水。底板应放置在坚实水平面上，并把筒放在底板中心，然后用脚踩住两边的脚踏板，坍落度筒在装料时应保持在固定的位置。

（2）把按要求取得的混凝土试样用小铁铲分三层均匀地装入筒内，使其捣实后每层高度为筒高的1/3左右。每层用捣棒插捣25次。插捣应沿螺旋方向由外向中心进行，各次插捣应在截面上均匀分布。当插捣筒边混凝土时，捣棒可以稍稍倾斜，当插捣底层时，捣棒应贯穿整个深度，当插捣第二层和顶层时，捣棒应插透本层至下一层的表面；当浇灌顶层时，混凝土应灌至高出筒口。插捣过程中，如混凝土沉落至低于筒口，则应随时添加。顶层插捣完后，刮去多余的混凝土，并用抹刀抹平。

（3）清除筒边底板上的混凝土后，垂直平稳地提起坍落度筒。坍落度筒的提离过程应在5～10 s内完成；从开始装料到提坍落度筒的整个过程应不间断地进行，并应在150 s内完成。

5.结果计算与数据处理

（1）提起坍落度筒后，立即用直尺和钢尺测量出混凝土拌合物试体最高点与坍落度筒的高度之差（见图4-2），即为坍落度值，以mm为单位（测量精确至1 mm，结果修约至5 mm）。

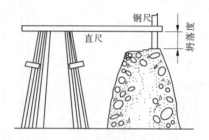

图4-2　坍落度测定

（2）坍落度筒提离后，如试体发生崩坍或一边剪坏现象，则应重新取样进行测定。如第二次仍出现这种现象，则表示该拌合物和易性不好，应予记录备查。

（3）测定坍落度后,观察拌合物的黏聚性和保水性,并记入记录。

①黏聚性的检测方法为:用捣棒在已坍落的拌合物锥体侧面轻轻击打,如果锥体逐渐下沉,表示拌合物黏聚性良好;如果锥体倒坍,部分崩裂或出现离析,即为黏聚性不好。

②保水性的检测方法为:提起坍落度筒后如有较多的稀浆从锥体底部析出,锥体部分的拌合物也因失浆而骨料外露,则表明拌合物保水性不好;如无这种现象,则表明保水性良好。

（4）坍落度的调整:当测得拌合物的坍落度达不到要求,可保持水灰比不变,增加5%或10%的水泥和水;当坍落度过大时,可保持砂率不变,酌情增加砂和石子的用量;若黏聚性或保水性不好,则需适当调整砂率,适当增加砂用量。每次调整后尽快拌和均匀,重新进行坍落度测定。

（二）维勃稠度法检验混凝土拌合物的和易性

1.试验目的及适用范围

测定干硬性混凝土拌合物的和易性,以评定混凝土拌合物的质量。维勃稠度法适用于骨料最大粒径不大于40 mm,维勃稠度在5~30 s的混凝土拌合物和易性测定。测定时需配制拌合物约15 L。

2.主要仪器设备

维勃稠度仪（见图4-3）,秒表,其他用具与坍落度法测试时基本相同。

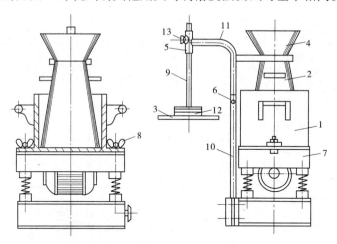

1—容器;2—坍落度筒;3—透明圆盘;4—喂料斗;5—管;
6—定位螺丝;7—振动台;8—固定螺丝;9—测杆;
10—支柱;11—旋转架;12—荷重块;13—测杆螺丝

图4-3　维勃稠度仪

3.试样准备

与坍落度法测试时相同。

4.试验方法与步骤

（1）将维勃稠度仪放置在坚实水平的地面上,用湿布把容器、坍落度筒、喂料斗内壁及其他用具润湿。将喂料斗提到坍落度筒上方扣紧,校正容器位置,使其中心与喂料斗中心重合,然后拧紧固定螺丝。

（2）把拌好的拌合物用小铁铲分三层经喂料斗均匀地装入坍落度筒内，装料及插捣的方法与坍落度法测试时相同。

（3）把喂料斗转离，垂直地提起坍落度筒，此时应注意不使混凝土试体产生横向的扭动。

（4）把透明圆盘转到混凝土圆台体顶面，放松测杆螺丝，降下圆盘，使其轻轻地接触到混凝土顶面，拧紧定位螺丝并检查测杆螺丝是否已完全放松。

（5）在开启振动台的同时用秒表计时，当振动到透明圆盘的底部被水泥布满的瞬间停止计时，并关闭振动台电机开关。由秒表读出的时间即为该混凝土拌合物的维勃稠度值，精确至 1 s。

（三）试验记录与结果处理

混凝土拌合物和易性试验（坍落度法）试验记录与结果处理按表4-8进行。

表4-8　混凝土拌合物和易性试验（坍落度法）试验记录与结果处理

试验日期			温度（℃）			相对湿度（%）		
初步配合比的配料拌和试验	拌和量（L）		原材料用量（kg）					
			水泥	水	砂	石子	掺合料	外加剂
	和易性评定	实测坍落度（mm）	第一次测值		第二次测值		平均值	
		黏聚性评价						
		保水性评价						
和易性调整试验	调整量（kg）	调整次数	水泥	水	砂	石子	掺合料	外加剂
		第1次调整						
		第2次调整						
		第3次调整						
	调整后用量（kg）							
	和易性评定	实测坍落度（mm）	第一次测值		第二次测值		平均值	
		黏聚性评价						
		保水性评价						
实测表观密度 ρ_{ct}（kg/m³）								
基准配合比（kg/m³）			水泥	水	砂	石子	掺合料	外加剂

试验者：　　　　　记录者：　　　　　校核者：　　　　　日期：

分析及讨论：

四、混凝土拌合物表观密度测试

(一)试验目的

测定混凝土拌合物捣实后的单位体积质量(表观密度)，供调整混凝土试验室配合比用。

(二)主要仪器设备

(1)容量筒。对骨料最大粒径不大于 40 mm 的拌合物采用容积为 5 L 的容量筒；当骨料最大粒径大于 40 mm 时，容量筒的内径与筒高均应大于骨料最大粒径的 4 倍。

(2)振动台。

(3)捣棒(同上述)、直尺、刮刀、台秤(称量 50 kg，感量 50 g)等。

(三)试样准备

混凝土拌合物的制备方法同上。

(四)试验方法与步骤

(1)用湿布把容量筒内外擦干净并称出筒的质量 m_1，精确至 50 g。

(2)混凝土的装料及捣实方法应根据拌合物的稠度而定。坍落度不大于 70 mm 的混凝土，用振动台振实为宜，大于 70 mm 的用捣棒捣实为宜。

当采用捣棒捣实时，应根据容量筒的大小决定分层与插捣次数。当用 5 L 容量筒时，混凝土拌合物应分两层装入，每层的插捣次数应为 25 次。当用大于 5 L 的容量筒时，每层混凝土的高度不应大于 100 mm，每层的插捣次数应按每 100 cm² 截面不小于 11 次计算。各次插捣应均匀地分布在每层截面上，插捣底层时捣棒应贯穿整个深度，插捣第二层时，捣棒应插透本层至下一层的表面。每一层捣完后用橡皮锤轻轻沿容器外壁敲打 5 ~ 10 次，进行振实，直至拌合物表面插捣孔消失并不见大气泡。

当采用振动台振实时，应一次将混凝土拌合物灌至高出容量筒口。装料时可用捣棒稍加插捣，振动过程中如混凝土沉落至低于筒口，则应随时添加混凝土，振动直至表面出浆。

(3)用刮刀齐筒口将多余的混凝土拌合物刮去，表面如有凹陷应予填平。将容量筒外部擦净，称出混凝土与容量筒的总质量 m_2，精确至 50 g。

(五)结果计算与数据处理

混凝土拌合物实测表观密度按下式计算(精确至 10 kg/m³)：

$$\rho_{c,t} = \frac{m_2 - m_1}{V_0} \times 1\,000 \tag{4-7}$$

式中　$\rho_{c,t}$——混凝土拌合物实测表观密度，kg/m³；

m_1—— 容量筒的质量,kg;

m_2—— 容量筒与试样的总质量,kg;

V_0—— 容量筒的容积,L。

试验结果的计算精确至 10 kg/m³。

(六)试验记录与结果处理

混凝土表观密度试验记录与结果处理按表4-9进行。

表4-9　混凝土表观密度试验记录与结果处理

序号	容量筒的容积 V_0(L)	容量筒的质量 m_1(kg)	试样和容量筒的总质量 m_2(kg)	试样质量 $m_2 - m_1$ (kg)	实测表观密度 $\rho_{c,t}$(kg/m³)	
					单次测值	平均值

试验者:　　　　　记录者:　　　　　　校核者:　　　　　　日期:

分析及讨论:

五、混凝土立方体抗压强度检验

(一)试验目的

测定混凝土立方体抗压强度,作为确定混凝土强度等级和调整配合比的依据,并为控制施工质量提供依据。

(二)主要仪器设备

(1)压力试验机:测量精度为 ±1% ,试件破坏荷载应大于压力机全量程的20%且小于压力机全量程的80%。

(2)试模:试模由铸铁或钢制成,应具有足够的刚度,并且拆装方便。另有整体式的塑料试模,试模内尺寸为 150 mm × 150 mm × 150 mm 或 100 mm × 100 mm × 100 mm。

(3)振动台。

(4)养护室:标准养护室温度应控制在(20 ±1)℃,相对湿度大于95%。在没有标准养护室时,试件可在水温为(20 ±1)℃的不流动的 Ca(OH)₂ 饱和溶液中养护,但须在报告中注明。

(5)捣棒、磅秤、小铁铲、平头铁锹、抹刀等。

(三)试件准备

1.试件的制作

(1)混凝土立方体抗压强度试验应以 3 个试件为一组。每组 3 个试件应从同一盘或同一车的混凝土中取样制作,每次取样应至少制作一组标准养护试件。混凝土强度试样应在混凝土的浇筑地点随机抽取。试件的取样频率和数量应符合《混凝土强度检验评定标准》(GB/T 50107—2010)的规定。

(2)试件的尺寸应根据混凝土中骨料的最大粒径按表4-10选用。

(3)制作前,应拧紧试模的各个螺丝,擦净试模内壁并涂上一层矿物油或脱模剂。

(4)用小铁铲将混凝土拌合物逐层装入试模内。试件制作时,当混凝土拌合物坍落度大于70 mm时,宜采用人工捣实。混凝土拌合物分两层装入模内,每层厚度大致相等,用捣棒螺旋式从边缘向中心均匀进行插捣。当插捣底层时,捣棒应达到试模底面;当插捣上层时,捣棒要插入下层20～30 mm;插捣时捣棒应保持垂直,不得倾斜,并用抹刀沿试模四边内壁插捣数次,以防试件产生蜂窝麻面。每层插捣次数根据试件的截面而定,一般100 mm² 截面面积上不少于12次(见表4-10)。然后刮去多余的混凝土拌合物,将试模表面的混凝土用抹刀抹平。

表4-10　混凝土试件尺寸选用

| 试件横截面尺寸 | 骨料最大粒径(mm) | | 每层插捣次数 |
(mm×mm)	劈裂抗拉强度试验	其他试验	
100×100	20	31.5	12
150×150	40	40	25
200×200	—	63	50

当混凝土拌合物坍落度不大于70 mm时,宜采用振动台振实。将混凝土拌合物一次装入试模,装料时应用抹刀沿各试模壁插捣,并使混凝土拌合物高出试模口;试模应附着或固定在振动台上,振动时试模不得有任何跳动,开启振动台,振至试模表面的混凝土泛浆为止(一般振动时间为30 s),不得过振;然后刮去多余的混凝土拌合物,将试模表面的混凝土用抹刀抹平。

2.试件的养护

(1)标准养护的试件成型后,立即用不透水的薄膜覆盖表面,以防止水分蒸发,并在(20±5)℃的环境中静置一昼夜至二昼夜,然后编号、拆模。

(2)拆模后的试件应立即放入温度为(20±1)℃、相对湿度为95%以上的标准养护室养护。当无标准养护室时,混凝土试件可在温度为(20±1)℃的不流动的 Ca(OH)₂ 饱和溶液中养护。标准养护室内的试件应放在支架上,彼此间隔10～20 mm,试件表面应保持潮湿,并不得被水直接冲淋。

(3)同条件养护试件成型后应覆盖表面。试件的拆模时间可与实际构件的拆模时间相同,拆模后,试件仍需保持同条件养护。

(四)试验方法与步骤

(1)试件从养护地点取出后应及时进行试验,将试件表面与上下承压板面擦干净。

(2)将试件安放在试验机的下压板或垫板上,试件的承压面应与成型时的顶面垂直。试件的中心应与试验机下压板中心对准,开动试验机,当上压板与试件或钢垫板接近时,调整球座,使接触均衡。

(3)在试验过程中应连续均匀地加荷,当混凝土强度等级 < C30 时,其加荷速度为 0.3 ~ 0.5 MPa/s;当混凝土强度等级≥C30 且 < C60 时,则其加荷速度为 0.5 ~ 0.8 MPa/s;当混凝土强度等级≥C60 时,其加荷速度为 0.8 ~ 1.0 MPa/s。

(4)当试件接近破坏开始急剧变形时,应停止调整试验机油门,直至破坏,然后记录破坏荷载 $P(N)$。

(五)结果计算与数据处理

(1)混凝土立方体试件抗压强度按式(4-8)计算(精确至 0.1 MPa),并记录在试验报告中:

$$f_{cc} = \frac{P}{A} \tag{4-8}$$

式中　f_{cc}——混凝土立方体试件抗压强度,MPa;

　　　P——破坏荷载,N;

　　　A——试件承压面积,mm^2。

(2)以 3 个试件测值的算术平均值作为该组试件的抗压强度值(精确至 0.1 MPa);3 个测值中的最大值或最小值中如有一个与中间值的差值超过中间值的 15% ,则把最大值及最小值一并舍除,取中间值作为该组试件的抗压强度值;如最大值和最小值与中间值的差均超过中间值的 15% ,则该组试件的试验结果无效。

(3)混凝土抗压强度是以 150 mm × 150 mm × 150 mm 立方体试件的抗压强度为标准值;当混凝土强度等级 < C60 时,用其他尺寸试件测得的强度值均应乘以尺寸换算系数,200 mm × 200 mm × 200 mm 试件的换算系数为 1.05,100 mm × 100 mm × 100 mm 试件的换算系数为 0.95。

当混凝土强度等级≥C60 时,宜采用 150 mm × 150 mm × 150 mm 标准试件。

(4)试验室配合比的确定:

①根据前述 3 个不同配合比成型试件所测得的立方体抗压强度试验结果,采用绘制混凝土强度和水灰比的线性关系或插值法,确定配制强度对应的灰水比 $(C/W)'$,将其称为灰水比插值。

②在基准配合比的基础上,用水量应根据上一步确定的灰水比 $(C/W)'$ 进行调整。

③水泥用量应以用水量乘以确定的灰水比 $(C/W)'$ 计算。

④砂、石子的用量应根据用水量和水泥用量调整。

⑤计算配合比调整后的混凝土拌合物的表观密度计算值 ρ_{cc}。

⑥计算混凝土配合比校正系数 (δ) :根据拌合物表观密度实测值 (ρ_{ct}) 和计算值 (ρ_{cc}) 进行计算,$\delta = \dfrac{\rho_{ct}}{\rho_{cc}}$。

⑦当拌合物表观密度实测值与计算值之差的绝对值不超过计算值的 2% 时,按步骤 ②~④调整的配合比维持不变,直接作为试验室配合比;当二者之差的绝对值超过计算值的 2% 时,应将前面调整的配合比分别乘以校正系数 (δ),即为试验室配合比。

(六)试验记录与结果处理

混凝土立方体抗压强度试验记录与结果处理按表 4-11 进行。

表 4-11　混凝土立方体抗压强度试验记录与结果处理

试验日期			龄期(d)		承压面积 $A(\mathrm{mm}^2)$		
强度校核及试验室配合比的确定	水灰比	试件编号	破坏荷载（N）	尺寸换算系数	立方体抗压强度(MPa)		
					单块值	试验结果	

	配合比调整	水灰比插值	调整后的用量(kg/m³)						表观密度计算值 ρ_{cc}（kg/m³）
			水泥	水	砂	石子	掺合料	外加剂	
	配合比校正	校正系数 δ	校正后的用量(kg/m³)						
			水泥	水	砂	石子	掺合料	外加剂	
	试验室配合比（kg/m³）		水泥	水	砂	石子	掺合料	外加剂	

试验者：　　　　　记录者：　　　　　校核者：　　　　　日期：

分析及讨论：

六、混凝土立方体劈裂抗拉强度检验

(一)试验目的

混凝土立方体劈裂抗拉强度检验是在试件的两个相对表面中心的平行线上施加均匀分布的压力,使在荷载所作用的竖向平面内产生均匀分布的拉伸应力,达到混凝土极限抗拉强度时,试件将被劈裂破坏,从而可以间接地测定出混凝土的抗拉强度,以评价其抗裂性能。

（二）主要仪器设备

（1）压力试验机、试模:要求与五（二）相同。

（2）垫条:由三层胶合板制成,起均匀传递压力作用,只能使用一次。其尺寸为:宽20 mm,厚3~4 mm,长度应大于立方体试件的边长。

（3）垫块:采用半径为75 mm的钢制弧形垫块,长度与试件相同。

（4）支架:钢支架。

混凝土劈裂抗拉试验装置见图4-4。

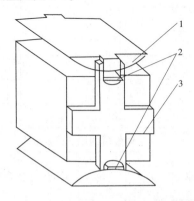

1—垫块;2—垫条;3—支架

图4-4　混凝土劈裂抗拉试验装置

（三）试件准备

试件制作与养护同上。

（四）试验方法与步骤

（1）试件从养护地点取出后应及时进行试验,测试前应先将试件表面与上下承压板面擦干净,在试件中部用铅笔画线定出劈裂面的位置。劈裂承压面和劈裂面应与试件成型时的顶面垂直。

（2）测量劈裂面的边长（精确至1 mm）,检查外观,算出试件的劈裂面积 A。

（3）将试件放在试验机下压板的中心位置,劈裂承压面和劈裂面应与试件成型时的顶面垂直。在上、下压板与试件之间垫以圆弧形垫块及垫条各一块（条）,垫块与垫条应与试件上、下面的中心线对准并与成型时的顶面垂直。宜把垫条及试件安装在定位架上使用。

（4）开动试验机,当上压板与圆弧形垫块接近时,调整球座,使接触均衡。加荷应连续均匀,当混凝土强度等级 <C30 时,加荷速度取0.02~0.05 MPa/s;当混凝土强度等级 ≥C30 且 <C60 时,加荷速度取0.05~0.08 MPa/s;当混凝土强度等级 ≥C60 时,加荷速度取0.08~0.10 MPa/s。至试件接近破坏时,应停止调整试验机油门,直至试件破坏,然后记录破坏荷载（P）。

（五）结果计算与数据处理

（1）混凝土立方体劈裂抗拉强度按式（4-9）计算（精确至0.01 MPa）,并记录在试验报告中：

$$f_{ts} = \frac{2P}{\pi a^2} = 0.637 \frac{F}{A}$$ 　　　　　(4-9)

式中　f_{ts}——混凝土抗拉强度，MPa；

　　　F——破坏荷载，N；

　　　a——试件受力面边长，mm；

　　　A——试件受力面面积，mm^2。

（2）以3个试件测值的算术平均值作为该组试件的劈裂抗拉强度值（精确至0.01 MPa）；3个测值中的最大值或最小值中如有一个与中间值的差值超过中间值的15%，则把最大及最小值一并舍除，取中间值作为该组试件的抗压强度值；如最大值或最小值与中间值的差均超过中间值的15%，则该组试件的试验结果无效。

（3）采用100 mm × 100 mm × 100 mm 非标准试件测得的劈裂抗拉强度值，应乘以尺寸换算系数0.85；当混凝土强度等级≥C60时，宜采用标准试件；当使用非标准试件时，尺寸换算系数应由试验确定。

（六）试验记录与结果处理

混凝土劈裂抗拉强度试验记录与结果处理按表4-12进行。

表4-12　混凝土劈裂抗拉强度试验记录与结果处理

试验日期		龄期 （d）		试件规格 （mm × mm × mm）	
试件编号	破坏荷载 （N）	劈裂面积 （mm²）	尺寸换算 系数	劈裂抗拉强度（MPa）	
				单块值	试验结果

试验者：　　　　　记录者：　　　　　校核者：　　　　　日期：

　分析及讨论：

第五章　建筑砂浆技术性质及其试验检测

第一节　建筑砂浆技术性质

建筑砂浆是由胶凝材料、细骨料和水按适当比例配合、拌制并经硬化而成的土木工程材料。为改善砂浆的和易性,常掺入适量的外加剂和掺加料。

建筑砂浆的技术性质包括新拌砂浆的性质和硬化后砂浆的性质。新拌砂浆应具有良好的和易性,硬化后的砂浆应具有一定的强度、良好的黏结力及耐久性。

一、新拌砂浆的和易性

砂浆和易性指砂浆拌合物便于施工操作,并能保证质量均匀的综合性质,包括流动性和保水性两个方面。

流动性是指砂浆在自重或外力的作用下产生流动的性能,也称为稠度。流动性用沉入度指标表示,用砂浆稠度测定仪测定。沉入度值愈大,砂浆的流动性愈高。若流动性过大,砂浆易分层、析水;若流动性过小,则不便于施工操作,灰缝不易填满,所以新拌砂浆应具有适宜的稠度。

保水性是指砂浆拌合物保持水分的能力,也表示砂浆中各组成材料不易分离的性质。砂浆保水性用保水率指标表示。根据《砌筑砂浆配合比设计规程》(JGJ/T 98—2010)规定,水泥砂浆保水率应≥80%,水泥混合砂浆保水率应≥84%,预拌砌筑砂浆保水率应≥88%。

二、硬化砂浆的技术性质

硬化砂浆应具有一定的抗压强度、黏结力、耐久性及工程所要求的其他技术性质。在工程实践中以抗压强度作为砂浆的主要技术指标。

(一)抗压强度与强度等级

砂浆抗压强度是以边长为 70.7 mm 的立方体试块一组,按标准养护条件养护至 28 d,用标准试验方法测得的抗压强度值(MPa)确定的。它是划分砂浆强度等级的依据。标准养护条件为:温度,(20±3)℃;相对湿度,水泥砂浆>90%,混合砂浆 60%~80%。

砂浆强度等级以符号 M 和砂浆抗压强度平均值来表示。水泥砂浆及预拌砂浆的强度等级分为 M5、M7.5、M10、M15、M20、M25、M30;水泥混合砂浆的强度等级可分为 M5、M7.5、M10、M15。

(二)黏结力

砂浆与基底材料的黏结力大小,对砌体的强度、耐久性、抗震性都有较大影响。砌筑砂浆的黏结力可通过砌体抗剪强度试验测定。

影响砂浆黏结力的因素有:砂浆抗压强度,砖石的表面状态、清洁程度、湿润状况,施工操作水平及养护条件。

三、砂浆的变形性能与耐久性

(一)砂浆的变形性能

砂浆在承受荷载或温度、湿度发生变化时,均会发生变形,如果变形过大或不均匀,会降低砌体及面层质量,引起沉降或开裂。因此,要求砂浆具有较小的变形性。

砂浆变形性的影响因素很多,如胶凝材料的种类和用量,用水量,细骨料的种类、级配和质量,以及外部环境条件等。

(二)耐久性

砂浆应具有良好的耐久性,为此,砂浆应与基底材料有良好的黏结力、较小的收缩变形。对防水砂浆或直接受水和受冻融作用的砌体,对砂浆还应有抗渗性和抗冻性要求。具有冻融循环次数要求的砌筑砂浆,经冻融试验后,质量损失率不得大于5%,抗压强度损失率不得大于25%。

四、砂浆的表观密度

砂浆的表观密度是指砂浆拌合物在捣实后的单位体积的质量,或称砂浆湿表观密度。水泥砂浆的表观密度≥1 900 kg/m^3,水泥混合砂浆及预拌砌筑砂浆的表观密度≥1 800 kg/m^3。

第二节 建筑砂浆技术性质试验检测

试验要求:了解建筑砂浆和易性的概念、影响砂浆和易性的主要因素,掌握砂浆稠度和保水率的测定方法。了解影响砂浆强度的主要因素,掌握砂浆强度试样的制作、养护和测定方法。

本节试验依据的标准及规范:

(1)《建筑砂浆基本性能试验方法标准》(JGJ/T 70—2009);

(2)《砌筑砂浆配合比设计规程》(JGJ/T 98—2010)。

一、砂浆拌制和稠度测试

(一)试验目的

通过砂浆稠度试验,可以测得达到设计稠度时的加水量,或在施工现场中控制砂浆稠度,以保证施工质量。

(二)主要仪器设备

砂浆搅拌机;拌和铁板(约1.5 m×2 m,厚度约3 mm);磅秤(称量50 kg、感量50 g);台秤(称量10 kg、感量5 g);量筒(100 mL带塞量筒);砂浆稠度测定仪(见图5-1);容量筒(容积2 L,直径与高大致相等),带盖;金属捣棒(直径10 mm、长350 mm,端部磨圆);拌铲;抹刀;秒表等。

（三）试样准备

1. 取样方法

（1）建筑砂浆试验用料应从同一盘砂浆或同一车砂浆中取样。取样量应不少于试验所需量的 4 倍。

（2）施工中取样进行砂浆试验时，其取样方法和原则应按相应的施工验收规范执行。一般在使用地点的砂浆槽、砂浆运送车或搅拌机出料口，至少从 3 个不同部位取样。现场取来的试样，试验前应人工搅拌均匀。

（3）从取样完毕到开始进行各项性能试验不宜超过 15 min。

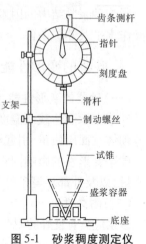

图 5-1　砂浆稠度测定仪

2. 砂浆拌制方法

（1）拌制砂浆所用的原料应符合各自相关的质量标准。在试验室制备砂浆拌合物时，所用材料应提前 24 h 运入室内。拌和时试验室的温度应保持在（20±5）℃。

（2）试验所用原材料应与现场使用材料一致。砂应通过公称粒径 4.75 mm 筛。

（3）试验室拌制砂浆时，材料用量应以质量计。称量精度：水泥、外加剂、掺合料等为 ±0.5%；砂为 ±1%。

（4）在试验室搅拌砂浆时应采用机械搅拌，搅拌的用量宜为搅拌机容量的 30% ~ 70%，搅拌时间不应少于 120 s。掺有掺合料和外加剂的砂浆，其搅拌时间不应少于 180 s。

（四）试验方法与步骤

（1）用少量润滑油轻擦滑杆，再将滑杆上多余的油用吸油纸擦净，使滑杆能自由滑动。

（2）用湿布擦净盛浆容器和试锥表面，将砂浆拌合物一次装入容器，使砂浆表面低于容器口约 10 mm。用捣棒自容器中心向边缘均匀地插捣 25 次，再轻轻地将容器摇动或敲击 5~6 下，使砂浆表面平整，然后将容器置于稠度测定仪的底座上。

（3）拧松制动螺丝，向下移动滑杆，当试锥尖端与砂浆表面刚接触时，拧紧制动螺丝，使齿条测杆下端刚接触滑杆上端，读出刻度盘上的读数（精确至 1 mm）。

（4）拧松制动螺丝，同时计时间，10 s 时立即拧紧螺丝，使齿条测杆下端接触滑杆上端，从刻度盘上读出下沉深度（精确至 1 mm），二次读数的差值即为砂浆的稠度值。

（5）盛浆容器内的砂浆，只允许测定一次稠度，重复测定时，应重新取样测定。

（五）结果计算与数据处理

取两次测试结果的算术平均值作为试验砂浆的稠度测定结果（计算值精确至 1 mm），如两次测定值之差大于 10 mm，应重新取样测定。

二、砂浆保水性试验

（一）试验目的

测定砂浆保水率，以衡量砂浆拌合物在运输及停放时内部组分的稳定性，评定砂浆保水性。

（二）试验条件

标准试验条件为：空气温度（23±2）℃，相对湿度45%~70%。

（三）试验仪器

（1）可密封的取样容器，应清洁、干燥。

（2）金属或硬塑料圆环试模，内径100 mm，内部深度25 mm。

（3）2 kg的重物。

（4）医用棉纱，尺寸为110 mm×110 mm，宜选用纱线稀疏、厚度较薄的棉纱。

（5）超白滤纸，符合《化学分析滤纸》（GB/T 1914—2007）要求的中速定性滤纸，直径110 mm，200 g/m²。

（6）2片金属或玻璃的方形或圆形不透水片，边长或直径大于110 mm。

（7）电子天平：量程2 000 g，分度值0.1 g。

（四）试验步骤

（1）将试模放在下不透水片上，接触面用黄油密封，保证水分不渗漏，称其质量 m_1。

（2）称量8片超白滤纸质量 m_2。

（3）对于湿拌砂浆，直接用取样容器在现场取样。将取来的样品一次装入试模，装至略高于试模边缘，用捣棒顺时针插捣25次，然后用抹刀将砂浆表面刮平，将试模边的砂浆擦净，称量试模、下不透水片和砂浆的质量 m_3。

对于干混砂浆，先将水加入砂浆搅拌机中，再加入待检干混砂浆样品，启动机器，搅拌3 min，砂浆稠度应符合规定要求。将搅拌均匀的砂浆一次装入试模，装至略高于试模边缘，用捣棒顺时针插捣25次，然后用抹刀将砂浆表面刮平，将试模边的砂浆擦净，称量试模、下不透水片和砂浆的质量 m_3。

（4）用2片医用棉纱覆盖在砂浆表面，再在棉纱表面放上8片滤纸。将上不透水片盖在滤纸表面，然后用2 kg的重物压上不透水片。

（5）静置2 min后移走重物及上不透水片，取出滤纸（不包括棉纱），迅速称量滤纸质量 m_4。

（6）根据砂浆配合比及加水量计算砂浆的含水率；若无法计算，可按（六）测定砂浆的含水率。

（五）试验结果

（1）砂浆保水率按式（5-1）计算：

$$W = \left[1 - \frac{m_4 - m_2}{\alpha \times (m_3 - m_1)}\right] \times 100\% \tag{5-1}$$

式中　W——砂浆保水率（%）；

m_1——试模与下不透水片的质量，g；

m_2——8片滤纸吸水前质量，g；

m_3——试模、下不透水片与砂浆总质量，g；

m_4——8片滤纸吸水后质量，g；

α——砂浆含水率（%）。

（2）取两次试验结果的平均值作为试验结果。若两个测定值中有一个超出平均值的

5%,则此组试验结果无效。

(六)砂浆含水率测试方法

称取 100 g 砂浆拌合物试样,置于一干燥并已称重的盘中,在(105 ± 5)℃的烘箱中烘干至恒重。按式 (5-2) 计算砂浆的含水率,精确至0.1%。

$$\alpha = \frac{m_6 - m_5}{m_6} \times 100\% \tag{5-2}$$

式中　α——砂浆含水率(%);

　　　m_5——烘干后砂浆样本质量,g;

　　　m_6——砂浆样本总质量,g。

(七)试验记录与结果处理

砂浆和易性试验记录与结果处理按表5-1进行。

表 5-1　砂浆和易性试验记录与结果处理

试验日期		温度(℃)		相对湿度(%)	
砂浆设计强度等级		要求稠度(mm)		砂种类及细度	
水泥品种及强度等级		掺合料名称		外加剂名称	
原材料	材料用量				
	水泥	砂	水	掺合料	外加剂
砂浆配合比(kg/m³)					
试验拌和取用量(kg)					

稠度试验		
第一次测值	第二次测值	平均值

砂浆和易性测试	保水性试验					
	砂浆含水率 α(%)	试模与下不透水片的质量 m_1(g)	8片滤纸吸水前质量 m_2(g)	试模、下不透水片与砂浆总质量 m_3(g)	8片滤纸吸水后质量 m_4(g)	保水率 W(%)
						单值 / 均值
	试验次数 1						
	试验次数 2						
	砂浆稠度值(mm)			砂浆保水率值(%)		
	和易性评定					

试验者:　　　　记录者:　　　　校核者:　　　　日期:

分析及讨论:

三、砂浆立方体抗压强度试验

(一)试验目的

测试砂浆立方体的抗压强度。砂浆立方体抗压强度是评定强度等级的依据,它是砂浆质量的主要指标。

(二)主要仪器设备

试模(尺寸为 70.7 mm×70.7 mm×70.7 mm 的带底试模);振动台;压力试验机、垫板等。

(三)试样制备

(1)采用立方体试件,每组试件 3 个。

(2)应用黄油等密封材料涂抹试模的外接缝,试模内涂刷薄层机油或脱模剂,将拌制好的砂浆一次性装满砂浆试模,成型方法根据稠度而定。当稠度≥50 mm 时,采用人工振捣成型;当稠度<50 mm 时,采用振动台振实成型。

①人工振捣:用捣棒均匀地由边缘向中心按螺旋方式插捣 25 次,插捣过程中如砂浆沉落低于试模口,应随时添加砂浆,可用油灰刀插捣数次,并用手将试模一边抬高 5~10 mm 各振动 5 次,使砂浆高出试模顶面 6~8 mm。

②机械振动:将砂浆一次装满试模,放置到振动台上,振动时试模不得跳动,振动 5~10 s 或持续到表面出浆为止;不得过振。

(3)待表面水分稍干后,将高出试模部分的砂浆沿试模顶面刮去并抹平。

(4)试件制作后应在室温为(20±5)℃的环境下静置(24±2)h,当气温较低时,可适当延长时间,但不应超过两昼夜,然后对试件进行编号、拆模。试件拆模后应立即放入温度为(20±2)℃、相对湿度为90%以上的标准养护室中养护。养护期间,试件彼此间隔不小于 10 mm,混合砂浆试件上面应覆盖,以防水滴在试件上。

(四)试验方法与步骤

(1)将试样从养护地点取出后应及时进行试验,以免试件内部的温度和湿度发生显著变化。测试前先将试件表面擦拭干净,并以试块的侧面作为承压面,测量其尺寸,检查其外观。试块尺寸测量精确至 1 mm,并据此计算试件的承压面积。若实测尺寸与公称尺寸之差不超过 1 mm,可按公称尺寸进行计算。

(2)将试件安放在试验机的下压板(或下垫板)上,试件的承压面应与成型时的顶面垂直,试件中心应与试验机下压板(或下垫板)中心对准。开动试验机,当上压板与试件(或上垫板)接近时,调整球座,使接触面均衡受压。承压试验应连续而均匀地加荷,加荷速度应为每秒 0.25~1.5 kN(当砂浆强度不大于 5 MPa 时,宜取下限;当砂浆强度大于 5 MPa 时,宜取上限),当试件接近破坏而开始迅速变形时,停止调整试验机油门,直至试件破坏,然后记录破坏荷载 P_u(N)。

(五)结果计算与数据处理

(1)砂浆立方体试件抗压强度按下式计算(精确至 0.1 MPa):

$$f_{m,cu} = \frac{P_u}{A} \tag{5-3}$$

式中 $f_{m,cu}$——砂浆立方体试件的抗压强度,MPa;

$\quad\quad P_u$——破坏荷载,N;

$\quad\quad A$—— 试块的受力面积,mm²。

(2)砂浆立方体试件抗压强度平均值f_2:以3个试件测值的算术平均值的1.3倍作为该组试件的砂浆立方体试件抗压强度平均值(精确至0.1 MPa)。

(3)3个测值的最大值或最小值中如有一个与中间值的差值超过中间值的15%,则把最大值及最小值一并舍除,取中间值作为该组试件的抗压强度值;如有两个测值与中间值的差值均超过中间值的15%,则该组试件的试验结果无效。

(六)试验记录与结果处理

砂浆立方体抗压强度试验记录与结果处理按表5-2进行。

表5-2　砂浆立方体抗压强度试验记录与结果处理

试验日期		龄期(d)		试件规格(mm × mm × mm)		
试件编号	破坏荷载 P_u(N)	承压面积 (mm²)	砂浆立方体试件抗压强度(MPa)		砂浆立方体试件抗压强度平均值 f_2(MPa)	
			单块值	算术平均值		

试验者:　　　　记录者:　　　　　　校核者:　　　　　　日期:

分析及讨论:

第六章　砌墙砖技术性质及其试验检测

第一节　砌墙砖技术性质

砌墙砖是指以黏土、工业废料或其他地方资源为主要原料,以不同工艺制造的、用于砌筑承重和非承重墙体的墙砖。主要产品为烧结普通砖,包括黏土砖(N)、页岩砖(Y)、煤矸石砖(M)和粉煤灰砖(F)。

按照《烧结普通砖》(GB/T 5101—2003)的规定,强度、抗风化性能和放射性物质合格的砖,根据尺寸偏差、外观质量、泛霜、石灰爆裂分为优等品(A)、一等品(B)、合格品(C)三个质量等级。

砌墙砖的技术性质主要包括砌墙砖尺寸、外观质量、强度、抗风化性能、泛霜、石灰爆裂、孔洞率及孔结构、干燥收缩、碳化、放射性物质等。

一、砌墙砖尺寸

砖的外形为直角六面体,其公称尺寸为:长 240 mm、宽 115 mm、高 53 mm。尺寸允许偏差应符合表 6-1 的规定。

表 6-1　尺寸允许偏差　　　　　　　　　（单位:mm）

公称尺寸	优等品		一等品		合格品	
	样本平均偏差	样本极差≤	样本平均偏差	样本极差≤	样本平均偏差	样本极差≤
240	±2.0	6	±2.5	7	±3.0	8
115	±1.5	5	±2.0	6	±2.5	7
53	±1.5	4	±1.6	5	±2.0	6

二、砖的外观质量

砖的外观质量应符合表 6-2 的规定。

三、砖的强度

砖根据抗压强度分为 MU30、MU25、MU20、MU15、MU10 五个强度等级,强度应符合表 6-3 的规定。

表 6-2　砖的外观质量　　　　　　　　　　　　　　　（单位:mm）

项目		优等品	一等品	合格品
两条面高度差	≤	2	3	4
弯曲	≤	2	3	4
杂质凸出高度	≤	2	3	4
缺棱掉角的三个破坏尺寸,不得同时大于		5	20	30
裂纹长度≤	1. 大面上宽度方向及其延伸至条面的长度	30	60	80
	2. 大面上长度方向及其延伸至顶面的长度或条顶面上水平裂纹的长度	50	80	100
完整面*,不得少于		二条面和二顶面	一条面和一顶面	—
颜色		基本一致	—	—

注:为装饰而施加的色差、凹凸纹、拉毛、压花等不算作缺陷。

　　*凡有下列缺陷之一者,不得称为完整面:

　　(1)缺损在条面或顶面上造成的破坏面尺寸同时大于 10 mm × 10 mm。

　　(2)条面或顶面上裂纹宽度大于 1 mm,其长度超过 30 mm。

　　(3)压陷、粘底、焦花在条面或顶面上的凹陷或凸出超过 2 mm,区域尺寸同时大于 10 mm × 10 mm。

表 6-3　砖的强度及强度等级要求　　　　　　　　　（单位:MPa)

强度等级	抗压强度平均值 f ≥	变异系数 $\delta \leq 0.21$	变异系数 $\delta > 0.21$
		强度标准值 f_k ≥	单块最小抗压强度值 f_{min} ≥
MU30	30.0	22.0	25.0
MU25	25.0	18.0	22.0
MU20	20.0	14.0	16.0
MU15	15.0	10.0	12.0
MU10	10.0	6.5	7.5

四、抗风化性能

风化区的划分符合规定。

严重风化区的 1、2、3、4、5 地区的砖必须进行冻融试验,其他地区砖的抗风化性能符合表 6-4 规定时可不做冻融试验;否则,必须进行冻融试验。

表6-4　砖的抗风化性能

砖种类	严重风化区				非严重风化区			
	5 h沸煮吸水率(%) ≤		饱水系数 ≤		5 h沸煮吸水率(%) ≤		饱水系数 ≤	
	平均值	单块最大值	平均值	单块最大值	平均值	单块最大值	平均值	单块最大值
黏土砖	18	20	0.85	0.87	19	20	0.88	0.90
粉煤灰砖	21	23			23	25		
页岩砖	16	18	0.74	0.77	18	20	0.78	0.80
煤矸石砖								

注:粉煤灰掺入量(体积比)小于30%时,按黏土砖规定判定。

冻融试验后,每块砖样不允许出现裂纹、分层、掉皮、缺棱、掉角等冻坏现象;质量损失不大于2%。

五、泛霜

每块砖样应符合下列规定。

优等品:无泛霜;

一等品:不允许出现中等泛霜;

合格品:不允许出现严重泛霜。

六、石灰爆裂

优等品:不允许出现最大破坏尺寸>2 mm的爆裂区域。

一等品:

(1)最大破坏尺寸>2 mm且≤10 mm的爆裂区域,每组砖样不得多于15处。

(2)不允许出现最大破坏尺寸>10 mm的爆裂区域。

合格品:

(1)最大破坏尺寸>2 mm且≤15 mm的爆裂区域,每组砖样不得多于15处。其中>10 mm的爆裂区域不得多于7处。

(2)不允许出现最大破坏尺寸>15 mm的爆裂区域。

七、欠火砖、酥砖、螺旋纹砖

产品中不允许有欠火砖、酥砖、螺旋纹砖。

八、放射性物质

砖的放射性物质含量应符合《建筑材料放射性核素限量》(GB 6566—2010)的规定。

第二节　砌墙砖技术性质试验检测

试验要求:掌握砌墙砖的外观质量、抗折强度和抗压强度的测定方法和强度等级的评定。

本节试验采用的标准及规范:

(1)《砌墙砖试验方法》(GB/T 2542—2003);

(2)《烧结普通砖》(GB 5101—2003);

(3)《砌墙砖检验规则》(JC 466—92)。

《砌墙砖试验方法》(GB/T 2542—2003)适用于烧结砖和非烧结砖。烧结砖包括烧结普通砖、烧结多孔砖以及烧结空心砖和空心砌块(简称空心砖);非烧结砖包括蒸压灰砂砖、粉煤灰砖、炉渣砖和碳化砖等。

一、烧结普通砖抽样方法及相关规定

各种砌墙砖的检验试样,需符合上述规范的要求。

砌墙砖检验批的批量,宜在 3.5 万 ~ 15 万块范围内,但不得超过一条生产线的日产量。抽样数量由检验项目确定,必要时可增加适当的备用砖样。有两个以上的检验项目时,非破损检验项目(如外观质量、尺寸偏差、体积密度、空隙率)的砖样,允许在检验后继续用作他项,此时抽样数量可不包括重复使用的样品数。

对检验批中可抽样的砖垛、砖垛中的砖层、砖层中的砖块位置,应各依一定顺序编号。编号不需标志在实体上,只做到明确起点位置和顺序即可。凡需从检验后的样品中继续抽样供他项试验者,在抽样过程中,要按顺序在砖样上写号,作为继续抽样的位置顺序。

根据砖样批中可抽样砖垛数与抽样数,由表6-5决定抽样砖垛数和抽样的砖样数量。从检验过的样品中抽样,按所需的抽样数量先从表6-6中查出抽样的起点范围及间隔,然后从其规定的范围内确定一个随机数码,即得到抽样起点的位置和抽样间隔并由此进行抽样。抽样数量按表6-7执行。

表6-5　从砖垛中抽样的规则

抽样数量（块）	可抽样砖垛数（垛）	抽样砖垛数（垛）	垛中抽样数（块）
50	≥250	50	1
	115 ~ 250	25	2
	< 115	10	5
20	≥ 100	20	1
	< 100	10	2
10 或 5	任意	10 或 5	1

表6-6　从砖样中抽样的规则

检验过的砖样数（块）	抽样数量（块）	抽样起点范围	抽样间隔（块）
50	20	1～10	1
	10	1～5	4
	5	1～10	9
20	10	1～2	1
	5	1～4	3

表6-7　抽样数量

序号	检验项目	抽样数量（块）	序号	检验项目	抽样数量（块）
1	外观质量	$50(n_1=n_2=50)$	5	石灰爆裂	5
2	尺寸偏差	20	6	吸水率和饱和系数	5
3	强度等级	10	7	冻融	5
4	泛霜	5	8	放射性	4

注：n_1、n_2 代表两次抽样。

在抽样过程中，不论抽样位置上砖样的质量如何，不允许以任何理由以其他砖样代替。抽取样品后在样品上标志表示检验内容的编号，检验时不允许变更检验内容。

二、外观质量检查

（一）试验目的
用于检查砖外表的完好程度。

（二）主要仪器设备
（1）砖用卡尺（分度值0.5 mm）。

（2）钢直尺（分度值1 mm）。

（三）试验方法与步骤
1. 缺损

（1）缺棱掉角在砖上造成的破损程度，以破损部分对长、宽、高三个棱边的投影尺寸来度量，称为破坏尺寸，如图6-1所示。

（2）缺损造成的破坏面，是指缺损部分对条面、顶面（空心砖为条面、大面）的投影面积，如图6-1所示。空心砖内壁残缺及肋残缺尺寸，以长度方向的投影尺寸来度量（图中 l 为长度方向投影量；b 为宽度方向投影量；d 为高度方向投影量）。

2. 裂纹

（1）裂纹分为长度方向、宽度方向和高度方向三种，以被测方向的投影长度表示。如果裂纹从一个面延伸至其他面上时,则累计其延伸的投影长度。

（2）多孔砖的孔洞与裂纹相通时,将孔洞包括在裂纹内一并测量,如图 6-2 所示,裂纹长度以在三个方向上分别测得的最长裂纹作为测量结果。

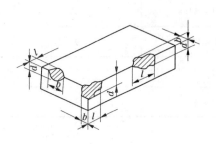 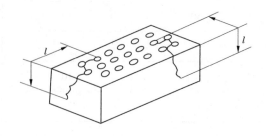

图 6-1　缺棱掉角破坏尺寸量法　　　图 6-2　多孔砖裂纹通过孔洞时的尺寸量法

（单位:mm）

3. 弯曲

（1）弯曲分别在大面和条面上测量,测量时将砖用卡尺的两支脚沿棱边两端放置,择其弯曲最大处将垂直尺推至砖面,如图 6-3 所示。但不应将因杂质或碰伤造成的凹陷计算在内。

（2）以弯曲测量中测得的较大者作为测量结果。

4. 杂质凸出高度

杂质在砖面上造成的凸出高度,以杂质距砖面的最大距离表示。测量时将专用卡尺的两支脚置于杂质凸出部分两侧的砖平面上,以垂直尺测量,如图 6-4 所示。

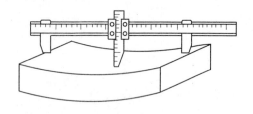 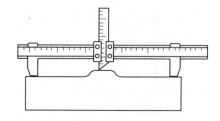

图 6-3　砖的弯曲量法　　　　　图 6-4　杂质凸出高度量法

（四）结果计算与数据处理

外观质量检验的试样采用随机抽样法,在每一检验批的产品堆垛中抽取,抽样数量为50 块。其中颜色的检验为 20 块。本试验以 10 块砖作为一个样本。外观测量以 mm 为单位,不足 1 mm 者均按 1 mm 计。

（五）试验记录与结果处理

外观质量检验试验记录见表 6-8。

表6-8　外观质量检验试验记录表

样品名称：　　　　　　　　　规格尺寸：　　　　　　　　　试验日期：

（单位：mm）

检验项目		样品编号									
		1	2	3	4	5	6	7	8	9	10
两条面高度差											
弯曲	大面										
	条面										
杂质凸出高度（大面）											
缺棱掉角的三个破坏尺寸	长度方向										
	宽度方向										
	高度方向										
裂纹长度	大面上宽度方向及其延伸至条面的长度										
	大面上长度方向及其延伸至顶面的长度或条顶面上水平裂纹的长度										
	完整面										
	颜色										

结果判定：

试验者：　　　　　记录者：　　　　　校核者：　　　　　日期：

分析及讨论：

三、尺寸测量

（一）试验目的

检测砖试样的几何尺寸是否符合标准。

（二）主要仪器设备

砖用卡尺（分度值为0.5 mm）。

（三）测量方法

砖样的长度和宽度应在砖的两个大面的中间处分别测量两个尺寸，高度应在砖的两个条面的中间处分别测量两个尺寸，当被测处缺损或凸出时，可在其旁边测量，但应选择不利的一侧进行测量,精确至 0.5 mm。

（四）结果计算与评定

尺寸偏差检验用随机抽样法从外观质量检验后的样品中抽取。本试验以 20 块砖作为一个样本。每一方向尺寸以两个测量值的算术平均值表示,精确至 0.5 mm。

结果分别以长度、宽度、高度的最大偏差值表示,不足 0.5 mm 者按 0.5 mm 计。

（五）试验记录与结果处理

砌墙砖尺寸测量试验记录见表6-9。

表6-9　砌墙砖尺寸测量试验记录表

样品名称：　　　　　　　　　规格尺寸：　　　　　　　　　试验日期：

（单位：mm）

试验编号	长度		宽度		高度	
	实测	偏差	实测	偏差	实测	偏差
1						
2						
3						
4						
5						
6						
7						
8						
9						
10						
11						

续表 6-9

试验编号	长度		宽度		高度	
	实测	偏差	实测	偏差	实测	偏差
12						
13						
14						
15						
16						
17						
18						
19						
20						
样本平均偏差						
样本极差						
结果判定						

注:依据优等品、一等品、合格品规定的样本平均偏差、极差与实测值比较,符合要求判定尺寸偏差为该等级;否则,判为不合格。

试验者:　　　　　记录者:　　　　　校核者:　　　　　日期:

分析及讨论:

四、砌墙砖的抗折强度试验

（一）试验目的

测定普通砖抗折强度,作为评定强度等级的依据。

（二）主要仪器设备

(1)材料试验机。试验机的示值相对误差不大于 ±1% ,预期最大破坏荷载应在量程的 20% ~80% 。

(2)抗折夹具。抗折试验的加荷形式为三点加荷,其上下压辊的曲率半径为 15 mm,下支辊应有一个为铰接固定。

(3)钢直尺(分度值为 1 mm)。

（三）试样准备

试样数量及处理:烧结砖和蒸压灰砂砖为 5 块,其他砖为 10 块。非烧结砖应放在温度为(20 ±5)℃的水中浸泡 24 h 后取出,用湿布拭去其表面水分进行抗折强度试验。烧结砖不需浸水及其他处理,直接进行试验。

（四）试验方法与步骤

(1)按尺寸测量的规定,测量试样的宽度和高度尺寸各 2 个,分别取其算术平均值(精确至 1 mm)。

(2)调整抗折夹具下支辊的跨距为砖规格长度减去 40 mm,但规格长度为 190 mm 的砖样其跨距为 160 mm。

(3)将试样大面平放在下支辊上,试样两端面与下支辊的距离应相同。当试样有裂纹或凹陷时,应使有裂纹或凹陷的大面朝下放置,以 50 ~150 N/s 的速度均匀加荷,直至试样断裂,记录最大破坏荷载 P 。

（五）结果计算与数据处理

(1)每块砖样的抗折强度按式(6-1)计算(精确至 0.01 MPa)。

$$R_{\mathrm{c}} = \frac{3PL}{2bh^2} \tag{6-1}$$

式中　R_{c}—— 砖样试块的抗折强度,MPa;

　　　P—— 最大破坏荷载,N;

　　　L—— 跨距,mm;

　　　b——试样宽度,mm;

　　　h—— 试样高度,mm。

(2)测试结果以试样抗折强度的算术平均值和单块最小值表示(精确至 0.01 MPa)。

（六）试验记录与结果处理

砖抗折强度试验记录见表 6-10。

表6-10　砖抗折强度试验记录表

样品名称：　　　　　　　　　规格尺寸：　　　　　　　试验日期：

样品编号	1	2	3	4	5	6	7	8	9	10
实测宽度(mm)										
实测高度(mm)										
破坏荷载(N)										
抗折强度(MPa)										
抗折强度平均值(MPa)										
抗折强度单块最小值(MPa)										
试验结论										

试验者：　　　　　记录者：　　　　　校核者：　　　　　日期：

分析及讨论：

五、砌墙砖的抗压强度试验

(一)试验目的

测定砖的抗压强度,作为评定强度等级的依据。

(二)主要仪器设备

(1)材料试验机。试验机的示值相对误差不大于±1%,预期最大破坏荷载应在量程的20%~80%。

(2)试件制备平台。其表面必须平整水平,可用金属或其他材料制作。

(3)水平尺(规格为250~350 mm)、钢直尺(分度值为1 mm)、振动台、制样模具、砂浆搅拌机、切割设备。

(三)试样制备

试样数量:烧结普通砖、烧结多孔砖和蒸压灰砂砖为5块,其他砖为10块(空心砖大面和条面抗压各5块),非烧结砖也可用抗折强度测试后的试样作为抗压强度试样。

1.烧结普通砖的试件制备

(1)将试件切断或锯成两个半截砖,断开后的半截砖长不得小于100 mm,如图6-5所示。如不足100 mm,应另取备用试样补足。

(2)在试件制备平台上将已断开的半截砖放入室温的净水中浸10~20 min后取出,并使断口以相反方向叠放,两者中间抹以厚度不超过5 mm的用强度等级为32.5的普通水泥调制成的稠度适宜的水泥净浆黏结,上下两面用厚度不超过3 mm的同种水泥浆抹平。制成的试件上、下两面须相互平行,并垂直于侧面,如图6-6所示。

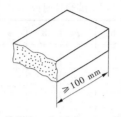

图 6-5　断开的半截砖

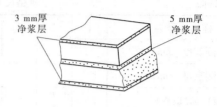

图 6-6　砖的抗压试样

2. 多孔砖、空心砖的试件制备

(1)多孔砖以单块整砖沿竖孔方向加压,空心砖以单块整砖沿大面和条面方向分别加压。

(2)试件制作采用坐浆法操作。即用一块玻璃板置于水平的试件制备平台上,其上铺一张湿的垫纸,纸上铺一层厚度不超过 5 mm 的用强度等级为 32.5 的普通水泥制成的稠度适宜的水泥净浆,再将试件在水中浸泡 10 ~ 20 min,在钢丝网架上滴水 3 ~ 5 min 后,平稳地将受压面坐放在水泥浆上,在另一受压面上稍加压力,使整个水泥层与砖的受压面相互黏结,砖的侧面应垂直于玻璃板。待水泥浆适当凝固后,连同玻璃板翻放在另一铺纸放浆的玻璃板上,再进行坐浆,并用水平尺校正上玻璃板,使之水平。

3. 非烧结砖的试件制备

将同一块试件的两半截砖断口相反叠放,叠合部分不得小于 100 mm,如图 6-7 所示,即为抗压强度试件。如果不足 100 mm,则应剔除,另取备用试件补足。

(四)试件养护

(1)制成的抹面试件应置于温度不低于 10 ℃ 的不通风室内养护 3 d,再进行强度测试。

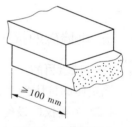

图 6-7　半截砖叠合

(2)非烧结砖试件不需要养护,可直接进行测试。

(五)试验步骤

(1)测量每个试件连接面或受压面的长、宽尺寸各 2 个,分别取其平均值,精确至 1 mm。

(2)将试件平放在加压板的中央,垂直于受压面加荷,加荷过程应均匀平稳,不得发生冲击或振动。加荷速度以(5 ± 0.5) kN/s 为宜,直至试件破坏,记录最大破坏荷载 P。

(六)结果计算与评定

(1)每块试件的抗压强度按式(6-2)计算(精确至 0.01 MPa):

$$R_P = \frac{P}{LB} \qquad\qquad (6-2)$$

式中　R_P——砖样试件的抗压强度,MPa;

　　　P——最大破坏荷载,N;

　　　L——试件受压面(连接面)的长度,mm;

　　　B——试件受压面(连接面)的宽度,mm。

(2)试验结果以试件抗压强度的算术平均值和单块最小值表示,精确至 0.1 MPa。

（七）试验记录与结果处理

砖抗压强度试验记录见表6-11。

表6-11　砖抗压强度试验记录表

样品名称：　　　　　　　规格尺寸：　　　　　　　试验日期：

样品编号	1	2	3	4	5	6	7	8	9	10
受压面长度均值(mm)										
受压面宽度均值(mm)										
受压面面积(mm²)										
破坏荷载(N)										
抗压强度(MPa)										
抗压强度平均值(MPa)										
抗压强度单块最小值(MPa)										
试验结论										

试验者：　　　　记录者：　　　　　校核者：　　　　　日期：

分析及讨论：

（八）砖的强度等级评定

（1）砖的强度等级评定需用10块试件试验。试验后按以下两式分别计算出强度变异系数、标准差：

$$\delta = \frac{S}{\bar{f}} \tag{6-3}$$

$$S = \sqrt{\frac{1}{9}\sum_{i=1}^{10}(f_i - \bar{f})^2} \tag{6-4}$$

式中　δ——砖强度变异系数，精确至0.01；

　　　S——10块试样的抗压强度标准差，MPa，精确至0.01；

　　　$\bar{f}$——10块试样的抗压强度平均值，MPa，精确至0.01；

　　　f_i——单块试样抗压强度测定值，MPa，精确至0.01。

（2）平均值—标准值方法评定。

当变异系数$\delta \leq 0.21$时，按表6-3中抗压强度平均值$\bar{f}$、强度标准值f_k评定砖的强度等级。样本量$n=10$时的强度标准值按下式计算：

$$f_k = \bar{f} - 1.8S \tag{6-5}$$

式中 f_k——强度标准值,MPa,精确至 0.1 MPa。

(3)平均值—最小值方法评定。

当变异系数 $\delta > 0.21$ 时,按表 6-3 中抗压强度平均值 $\bar{f}$、单块最小抗压强度值 f_{min}(精确至 0.1 MPa)评定砖的强度等级。

(4)强度的试验结果应符合表 6-3 的规定。低于 MU10 等级相应数据判为不合格。

第七章　钢筋技术性质及其试验检测

第一节　钢筋技术性质

钢筋是建筑钢材的一种,主要用于钢筋混凝土工程,是建筑工程中使用量最多的钢材品种。钢筋的技术性质主要包括力学性能和工艺性能两个方面。

一、力学性能

力学性能又称机械性能,是钢材最重要的使用性能。在建筑结构中,对承受静荷载作用的钢材,要求具有一定的力学强度,并要求所产生的变形不致影响到结构的正常使用。对承受动荷载作用的钢材,还要求具有较高的韧性而不致发生断裂。

(一)抗拉性能

拉伸是钢筋的主要受力形式,是选用钢筋的重要指标。通过钢筋拉伸试验,可以绘出钢筋的应力—应变关系曲线,并由此可以求出钢筋试样的屈服强度、极限抗拉强度及塑性伸长率或断面收缩率。

钢材受力大于屈服强度后,会出现较大的塑性变形,不能满足使用要求,因此屈服强度是设计中钢材强度取值的依据,是工程结构计算中非常重要的一个参数。

通过试验还可得到屈强比(屈服强度与抗拉强度之比),屈强比反映钢材的利用率和结构安全可靠程度。屈强比越小,其结构的安全可靠度越高,但屈强比过小,又说明钢材强度的利用率偏低,造成钢材浪费。建筑结构合理的屈强比一般为 0.60 ~ 0.75。

《混凝土结构工程施工质量验收规范》(GB 50204—2015)规定:钢筋的抗拉强度实测值与屈服强度实测值的比值不应小于 1.25,钢筋的屈服强度实测值与强度标准值的比值不应大于 1.3。

(二)冲击韧性

冲击韧性是指钢材抵抗冲击荷载而不被破坏的能力,通过弯曲冲击韧性试验确定。规范规定是以刻槽的标准试件,在冲击试验的摆锤冲击下,以破坏后缺口处单位面积上所消耗的功 α_k(J/cm^2)来表示。α_k 越大,冲断试件消耗的能量越多,钢材的冲击韧性越好。

对于直接承受动荷载,而且可能在负温下工作的重要结构,必须按照有关规范要求进行钢材的冲击韧性试验。

(三)耐疲劳性

钢材在承受交变荷载的反复作用下,可能在远低于抗拉强度时突然发生破坏,这种破坏称为疲劳破坏。钢材疲劳破坏的指标用疲劳强度或疲劳极限表示。疲劳强度是试件在交变应力作用下,不发生疲劳破坏的最大应力值,一般把钢材承受交变荷载 100 万 ~

1 000万次时不发生破坏的最大应力作为疲劳强度。在设计承受反复荷载且须进行疲劳验算的结构时,应当了解所用钢材的疲劳强度。

测定疲劳强度时,应根据结构使用条件确定采用的循环类型(如拉 – 拉型、拉 – 压型等)、应力比值(最小与最大应力之比,又称应力特征值)和周期基数。

(四)硬度

硬度是指金属材料抵抗硬物压入表面的能力,即材料表面抵抗塑性变形的能力。硬度通常与抗拉强度有一定的关系。目前测定钢材硬度的方法很多,常采用压入法,即以一定的静压力,把一定的压头压在金属表面,然后测定压痕的面积或深度来确定硬度。按压头或压力不同,有布氏法、洛氏法和维氏硬度法等 3 种。常用的硬度指标有布氏硬度(HB)和洛氏硬度(HR)。

二、工艺性能

良好的工艺性能,可以保证钢材顺利通过各种加工,而使钢材制品的质量不受影响。冷弯、冷拉、冷拔及焊接性能均是建筑钢材的重要工艺性能。

(一)冷弯性能

冷弯性能是反映钢材在常温下受弯曲变形的能力。其指标以弯曲角度 α 和弯心直径对试件厚度(或直径)的比值(d/a)来表示。

试验时采用的弯曲角度越大,弯心直径对试件厚度的比值越小,表示对冷弯性能的要求越高。冷弯检验是按规定的弯曲角度和弯心直径进行试验的,试件的弯曲处不发生裂缝、裂断或起层,即认为冷弯性能合格。

相对于伸长率而言,冷弯是对钢材塑性更严格的检验,它能揭示钢材是否存在内部组织不均匀、内应力和夹杂物等缺陷,并能揭示焊件在受弯处存在未熔合、微裂纹及夹杂物等缺陷。

(二)焊接性能

焊接是钢材的主要连接方式。建筑结构中有90%以上是焊接结构。焊接结构质量取决于焊接工艺、焊接材料及钢材本身的焊接性能。焊接性能好的钢材,焊口处不易形成裂纹、气孔、夹渣等缺陷;焊接后的焊头牢固,硬脆倾向小,特别是强度不低于原有钢材。

三、国家标准规定

钢筋混凝土用钢筋质量必须符合《钢筋混凝土用钢 第 1 部分:热轧光圆钢筋》(GB 1499.1—2008)及《钢筋混凝土用钢 第 2 部分:热轧带肋钢筋》(GB 1499.2—2007)技术指标要求。其中,钢筋混凝土用钢热轧光圆钢筋及热轧带肋钢筋的力学性能、工艺性能要求必须符合表7-1 ~ 表7-3 规定。

表 7-1　钢筋混凝土用钢热轧光圆钢筋力学性能、工艺性能

牌号	屈服强度（MPa）	抗拉强度（MPa）	断后伸长率（%）	最大力总伸长率（%）	冷弯试验 180° d—弯心直径; a—钢筋公称直径
			不小于		
HPB235	235	370	25.0	10.0	d = a
HPB300	300	420			

表 7-2　钢筋混凝土用钢热轧带肋钢筋力学性能

牌号	屈服强度（MPa）	抗拉强度（MPa）	断后伸长率（%）	最大力总伸长率（%）
			不小于	
HRB335 HRBF335	335	455	17	7.5
HRB400 HRBF400	400	540	16	
HRB500 HRBF500	500	630	15	

注:HRB——普通热轧带肋钢筋;

　　HRBF——细晶粒普通热轧带肋钢筋。

按表 7-3 规定的弯心直径弯曲 180°后,钢筋受弯曲部位表面不得产生裂纹。

表 7-3　钢筋混凝土用钢热轧带肋钢筋力学性能

牌号	公称直径(mm)	弯心直径
HRB335 HRBF335	6 ~ 25	3d
	28 ~ 40	4d
	>40 ~ 50	5d
HRB400 HRBF400	6 ~ 25	4d
	28 ~ 40	5d
	>40 ~ 50	6d
HRB500 HRBF500	6 ~ 25	6d
	28 ~ 40	7d
	>40 ~ 50	8d

第二节　钢筋技术性质试验检测

试验要求:了解钢筋拉伸过程的受力特性,仔细观察钢筋在拉伸过程中应力—应变的变化规律,掌握钢筋的屈服强度、抗拉强度与延伸率的测定。了解如何通过弯曲试验对钢筋的力学性能进行评价,掌握弯曲试验的不同方法。

本节试验采用的标准及规范:

(1)《金属材料 拉伸试验 第1部分:室温试验方法》(GB/T 228.1—2010);

(2)《金属材料 弯曲试验方法》(GB/T 232—2010);

(3)《钢筋混凝土用钢 第1部分:热轧光圆钢筋》(GB 1499.1—2008);

(4)《钢筋混凝土用钢 第2部分:热轧带肋钢筋》(GB 1499.2—2007)。

一、钢筋取样与验收的一般规定

(1)钢筋应按批进行检查与验收,每批的总量不超过60 t。每批钢材应由同一牌号、同一炉罐号、同一尺寸的钢筋组成。

(2)钢筋应有出厂质量证明书或试验报告单,验收时应抽样做拉伸试验和弯曲试验。如两个项目中有一个项目不合格,则该批钢筋即为不合格。钢筋在使用中若有脆断、焊接性能不良或力学性能显著不正常,还应进行化学成分分析和其他专项试验。

(3)钢筋拉伸及弯曲试验的试件不允许进行车削加工,试验应在10~35 ℃的条件下进行,否则应在试验记录和报告中注明。

(4)取样方法和结果评定规定:验收取样时,自每批钢筋中任取两根,于每根距端部50 mm处各取一套试样(两根试件),在每套试样中取一根做拉伸试验,另一根做弯曲试验。在拉伸试验的试件中,若有一根试件的屈服点、拉伸强度和伸长率三个指标中有一个达不到标准中的规定值,或冷弯试验中有一根试件不符合标准要求,则在同一批钢筋中再抽取双倍数量的试样进行该不合格项目的复检。复检结果中只要有一个指标不合格,则该试验项目判定为不合格,整批钢筋不得交货。

二、钢筋拉伸试验

(一)试验目的

测定低碳钢的屈服强度、抗拉强度与伸长率。注意观察拉力与变形之间的变化,确定应力与应变之间的关系曲线,评定钢筋强度等级。

(二)主要仪器设备

(1)万能材料试验机。试验达到最大负荷时,最好使指针停留在度盘的第三象限内(180°~270°),试验机的测力示值误差不大于1%。

(2)钢筋打点机或划线机、游标卡尺等。

(三)试样制备

抗拉试验用钢筋试样不进行车削加工,可以用钢筋试样标距仪标距出两个或一系列等分小冲点或细画线,标出原始标距(标记不应影响试样断裂),测量标距长度L_0(精确至

0.1 mm),如图 7-1 所示。计算钢筋强度所用横截面面积采用表 7-4 所列公称横截面面积。

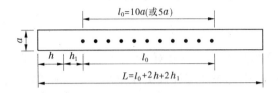

图 7-1　钢筋拉伸试样

表 7-4　钢筋的公称横截面面积

公称直径(mm)	公称横截面面积(mm²)	公称直径(mm)	公称横截面面积(mm²)
6	28.27	22	380.1
8	50.27	25	490.9
10	78.54	28	615.8
11	113.1	32	804.2
14	153.9	36	1 018
16	201.1	40	1 157
18	254.5	50	1 964
20	314.2		

(四)试验方法与步骤

1. 试验条件

试验一般在室温 10~35 ℃ 范围内进行,对温度要求严格的试验,试验温度应为 (23±5)℃,应使用楔形夹头、螺纹夹头、套环夹头等合适的夹具夹持试样。

2. 屈服强度和抗拉强度的测定

(1)调整试验机测力度盘的指针,使其对准零点,并拨动副指针,使之与主指针重合。

(2)将试样夹持在试验机夹头内。开动试验机进行拉伸,试验机夹头的分离速率应尽可能保持恒定,并在表 7-5 规定的应力速率范围内,保持试验机控制器固定于这一速率位置上,直至测出该性能,屈服后或只需测定抗拉强度时,试验机活动夹头在荷载下的移动速度不宜大于 0.5 L_c/min,直至试件拉断。

表 7-5　屈服前的应力速率

金属材料的弹性模量 (MPa)	应力速率 (MPa/s)	
	最小	最大
<150 000	2	20
≥150 000	6	60

（3）加载时要认真观测，在拉伸过程中测力度盘的指针停止转动时的恒定荷载，或指针第一次回转时的最小荷载，即为所求的屈服点荷载 F_s（N）。将此时的指针所指度盘数记录在试验报告中。向试件继续施荷直至拉断，由测力度盘读出最大荷载 F_b（N），记录在试验报告中。

3. 伸长率测定

（1）将已拉断试样的两段在断裂处对齐，尽量使其轴线位于一条直线上。如拉断处由于各种原因形成缝隙，则此缝隙应计入试样拉断后的标距部分长度内。待确保试样断裂部分适当接触后测量试样断后标距长度 L_1（mm），要求精确到 0.1 mm。L_1 的测定方法有以下两种：

①直接法。如拉断处到邻近的标距点的距离大于 $1/3L_0$，可用卡尺直接量出已被拉长的标距长度 L_1（mm）。

②移位法。如拉断处到邻近的标距点的距离小于或等于 $1/3L_0$，可按下述移位法确定 L_1：在长段上，从拉断处 O 取基本等于短段格数，得 B 点，接着取等于长段所余格数（偶数，见图 7-2(a)）之半，得 C 点；或者取所余格数（奇数，见图 7-2(b)）减 1 与加 1 之半，得 C 与 C_1 点。移位后的 L_1 分别为 $AO+OB+2BC$ 或者 $AO+OB+BC+BC_1$。

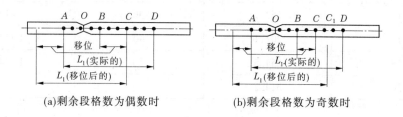

(a)剩余段格数为偶数时　　　　(b)剩余段格数为奇数时

图 7-2　用移位法计算标距

将测量出的被拉长的标距长度 L_1 记录在试验报告中。

（2）如果直接测量所求的伸长率能达到技术条件的规定值，则可不采用移位法。

（3）如果试件在标距点上或标距外断裂，则测试结果无效，应重做试验。

（五）结果计算与数据处理

（1）屈服点强度按式(7-1)计算：

$$\sigma_s = F_s/A \tag{7-1}$$

式中　σ_s——屈服点强度，MPa；

　　　F_s——屈服点荷载，N；

　　　A——试件的公称横截面面积，mm^2。

当 $\sigma_s > 1\,000$ MPa 时，应计算至 10 MPa；当 σ_s 为 $200\sim1\,000$ MPa 时，计算至 5 MPa；当 $\sigma_s \leqslant 200$ MPa 时，计算至 1 MPa。小数点数字按"四舍六入五单双法"处理。

（2）抗拉强度按式(7-2)计算：

$$\sigma_b = F_b/A \tag{7-2}$$

式中　σ_b—— 抗拉强度，MPa；

　　　F_b—— 试样拉断后最大荷载，N；

A—— 试件的公称横截面面积，mm^2。

σ_b 计算精度的要求同 σ_s。

（3）也可以使用自动装置（例如微处理机等）或自动测试系统测定屈服强度 σ_s 和抗拉强度 σ_b。

（4）伸长率按式（7-3）计算（精确至1%）：

$$\delta_{10}(\text{或}\ \delta_5)\ =\ \frac{L_1 - L_0}{L_0} \times 100 \tag{7-3}$$

式中　δ_{10}、δ_5——$L_0 = 10a$ 或者 $L_0 = 5a$ 时的伸长率（%）；

　　　　L_0——原标距长度 $10a(5a)$，mm；

　　　　L_1——试样拉断后直接量出或按移位法确定的标距部分长度，mm，测量精确至0.1 mm。

三、钢筋弯曲试验

（一）试验目的

测定钢筋在常温下承受静力弯曲时的弯曲变形能力，并显示其缺陷，以评定钢筋质量是否合格。

（二）主要仪器设备

压力机或万能材料试验机；支辊式弯曲装置（配有两支辊和一个弯曲压头），装置示意图见图7-3。

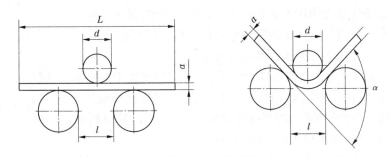

图7-3　支辊式弯曲装置示意图

（三）试样准备

钢筋冷弯试件应去除由于剪切或火焰切割或类似的操作而影响了材料性能的部分，如试验结果不受影响，可不去除试样受影响的部分。试样表面不得有划痕和损伤。试样的宽度和厚度应符合《金属材料　弯曲试验方法》（GB/T 232—2010）的规定。试样长度应根据试样厚度（或直径）和使用的试验设备确定。试件不得进行车削加工。

（四）试验方法与步骤

（1）试验一般在 10~35 ℃的室温范围内进行，对温度要求严格的试验，试验温度应为（23±5）℃。

（2）试验前测量试件尺寸是否合格，根据钢筋的级别，确定弯心直径 d 和弯曲角度：

Ⅰ级钢筋 $d=a$；热轧带肋钢筋 $d=3a(a=6\sim25\ mm)$。具体选择见《钢筋混凝土用钢 第2部分:热轧带肋钢筋》(GB 1499.2—2007),即表7-3。调整两支辊之间的距离。两支辊间的距离为:

$$l=(d+3a)\pm0.5a \tag{7-4}$$

式中　d——弯心直径,mm;

　　　a——钢筋公称直径,mm。

此距离在试验期间应保持不变(见图7-3)。

(3)试样按照规定的弯心直径和弯曲角度进行弯曲。在作用力下的弯曲程度可以分为三种类型(见图7-4),应按相关产品标准规定,选择其中之一完成试验。

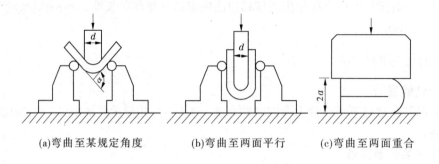

(a)弯曲至某规定角度　　　(b)弯曲至两面平行　　　(c)弯曲至两面重合

图7-4　钢材冷弯试验的几种弯曲程度

①在给定条件和力作用下达到某规定角度的弯曲,见图7-4(a)。

②试样在力作用下弯曲至两臂相距规定距离且相互平行,见图7-4(b)。

③试样在力作用下弯曲至两臂直接接触,见图7-4(c)。

(4)试样弯曲至规定弯曲角度的试验,应将试件放置于两支辊上,试件轴线应与弯曲压头轴线垂直,弯曲压头在两支座之间的中点处对试件连续施加力使其弯曲,直至达到规定的弯曲角度。弯曲试验时,应当缓慢地施加弯曲力,以使材料能自由地进行塑性变形。当出现争议时,试验速率应为 $(1\pm0.2)mm/s$。

使用上述方法如不能直接达到规定的弯曲角度,可以将试件置于两平行压板之间(见图7-5(a)),连续施加力压其两端使其进一步弯曲,直至达到规定的弯度。

(5)试样弯曲至两臂相互平行的试验,首先对试样进行初步弯曲,然后将试样置于两平行压板之间,连续施加力压其两端使其进一步弯曲,至两臂平行(见图7-5(b)、(c))。试验时可加或不加内置垫块,垫块厚度等于规定的弯曲压头的直径。

(6)试件弯曲至两臂直接接触的试验,首先对试件进行初步弯曲,然后将其置于两平行压板之间,连续施加力压其两端使其进一步弯曲,直至两臂直接接触(见图7-5(d))。

(五)结果计算与数据处理

(1)应按照相关产品标准的要求评定弯曲试验结果。如未规定具体要求,弯曲试验后不使用放大仪器观察,试件弯曲后检查试样弯曲处的外表面及侧面,如无裂纹、断裂或起层等现象,即认为试样合格。

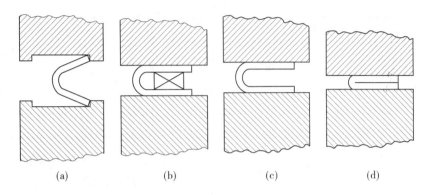

（a）　　　　　　（b）　　　　　　（c）　　　　　　（d）

图7-5　冷弯试验

（2）试件弯曲后如有一根试样不合格，即为冷弯试验不合格，应再取双倍数量的试样重做冷弯试验。在第二次冷弯试验中，如仍有一根试样不合格，则该批钢筋即为不合格。

对上述所测得的数据进行分析，确定试样属于哪级钢筋，是否达到要求标准。

（六）试验记录与结果处理

钢筋拉伸及冷弯试验记录见表7-6。

表7-6　钢筋拉伸及冷弯试验记录

钢筋类别		钢筋牌号		等级规格			
生产厂家		工程部位					
检验项目	拉伸性能、冷弯性能	检测依据	《钢筋混凝土用钢 第 1 部分：热轧光圆钢筋》（GB 1499.1—2008）《钢筋混凝土用钢 第 2 部分：热轧带肋钢筋》（GB 1499.2—2007）				

编号	直径（mm）	标距（mm）	面积（mm²）	屈服强度 R_{eL}			抗拉强度 R_m			断后标距（mm）	断后伸长率 A（%）	
				拉力（kN）	强度（MPa）	标准值（MPa）	拉力（kN）	强度（MPa）	标准值（MPa）		实测值	标准值
1-1												
1-2												
2-1												
2-2												
3-1												
3-2												

续表 7-6

冷弯检验					结论	
编号	直径（mm）	弯心直径（mm）	弯曲角度	冷弯结果		
1-3						
1-4						
2-3					备注	1. 检验结果仅对来样负责。2. 来样日期：3. 试验日期：4. 出厂炉号：5. 代表数量：6. 报告日期：
2-4						
3-3						
3-4						

试验者：　　　　记录者：　　　　校核者：　　　　日期：

分析及讨论：

第八章　石油沥青技术性质及其试验检测

第一节　石油沥青技术性质

石油沥青是石油原油经蒸馏提炼出各种轻质油(如汽油、煤油、柴油等)及润滑油以后的残留物,或再经加工而得的产品。石油沥青主要由油分、树脂、地沥青质三大组分组成,不同组分对石油沥青性能的影响不同。油分赋予沥青流动性;树脂使沥青具有良好的塑性和黏结性;地沥青质则决定沥青的耐热性、黏性、脆性,其含量越多,软化点越高,黏性越大,越硬脆。

一、石油沥青的主要技术性质

石油沥青的主要技术性质如下。

(一)黏滞性

石油沥青的黏滞性(简称黏性)是反映沥青材料内部阻碍其相对流动的一种特性。它反映了沥青软硬、稀稠的程度,是划分沥青牌号的主要技术指标。

工程上,液体石油沥青的黏度用黏滞度(也称标准黏度)指标表示,它表征了液体沥青在流动时的内部阻力;对于半固体或固体的石油沥青则用针入度指标表示,它反映了石油沥青抵抗剪切变形的能力。

黏滞度是在规定温度 t (通常为 20 ℃、25 ℃、30 ℃或 60 ℃),规定直径 d (为 3 mm、5 mm 或 10 mm)的孔流出 50 cm³ 沥青所需时间的秒数 T,常用符号" $C_t^d T$ "表示。

针入度是在规定温度 25 ℃条件下,以规定质量 100 g 的标准针,在规定时间 5 s 内贯入试样中的深度(0.1 mm 为 1 度)表示。显然,针入度越大,表示沥青越软,黏度越小。

地沥青质含量高,有适量的树脂和较少的油分时,石油沥青黏滞性大。温度升高,其黏滞性降低。

(二)塑性

塑性是指石油沥青材料在外力作用时产生变形而不被破坏,除去外力后仍保持变形前的形状不变的性质。它是石油沥青的主要性能之一。

石油沥青的塑性用延度指标表示。沥青延度是把沥青试样制成"8"字形标准试件(中间最小截面面积为 1 cm²),在规定温度(25 ℃或 15 ℃)下以规定拉伸速度(5 cm/min)拉至断裂时的长度,以 cm 为单位表示。沥青延度越大,其塑性越好,柔性和抗断裂性能越好。

沥青中油分和地沥青质适量,树脂含量越多,延度越大,塑性越好。温度升高,沥青的塑性随之增大。

(三)温度敏感性

温度敏感性是指石油沥青的黏滞性和塑性随温度升降而变化的性能,是沥青的重要指标之一。

温度敏感性用软化点指标衡量。软化点是指沥青由固态转变为具有一定流动性膏体的温度,一般采用环球法软化点仪测定。将沥青试样装入规定尺寸的铜环内(内径18.9 mm),上置标准钢球(重3.5 g),浸入水或甘油中,以规定的升温速度(5 ℃/min)加热,使沥青软化下垂至规定距离的温度。软化点愈高,表明沥青的热稳定性愈好。

沥青软化点不能太低,否则夏季易软化;但也不能太高,否则不易施工,并且质地太硬,冬季易发生脆裂现象。石油沥青的温度敏感性与地沥青质含量和含蜡量密切相关。地沥青质增多,温度敏感性降低。沥青含蜡量高,温度敏感性大。

针入度、延度、软化点是评价黏稠石油沥青性能的最常用的经验指标,通称"三大指标"。

(四)大气稳定性

大气稳定性是指石油沥青在热、阳光、氧气和潮湿等因素长期综合作用下抵抗老化的性能。

在大气因素的综合作用下,沥青中的油分和树脂逐渐减少,而沥青质逐渐增多,石油沥青会随着时间延长而变硬变脆,亦即"老化"。

石油沥青的大气稳定性以沥青试样在加热蒸发前后的"蒸发损失百分率"和"蒸发后针入度比"来评定。蒸发损失百分率越小,蒸发后针入度比越大,则表示沥青大气稳定性越好,亦即"老化"越慢。

对于重交道路用黏稠石油沥青的大气稳定性,采用沥青薄膜加热试验;对于液体石油沥青,采用沥青的蒸馏试验。

(五)闪点和燃点

闪点和燃点是表示沥青安全性的指标。沥青材料在使用时需要加热,当加热至一定温度时,沥青材料中挥发的油分蒸气与周围空气组成混合气体,遇火焰则发生闪火现象;若继续加热,油分蒸气的饱和度增加,这种蒸气与空气组成的混合气体遇火焰极易燃烧,引发火灾或改变沥青的性质,所以必须测定沥青的闪点和燃点。

闪点是指沥青加热挥发的气体与空气组成的混合气体在规定条件下与火接触,产生闪光时的温度。燃点是混合气体与火接触时能持续燃烧5 s以上的温度。闪点与燃点的温度一般相差10 ℃左右,采用开口杯式闪点仪测定。

二、石油沥青的技术标准

根据石油沥青的性质不同,选择适当的技术标准,将沥青划分为不同种类和等级(标号),以便于沥青材料的选用。目前石油沥青按用途主要划分为三大类:道路石油沥青、建筑石油沥青和普通石油沥青。

(一)道路石油沥青的技术标准

按照《公路沥青路面施工技术规范》(JTG F40—2004)等的规定,依据含蜡量的不同,将沥青划分为3个等级,不同等级的沥青具有不同的适用范围,见表8-1。道路石油沥青的质量应满足表 8-2 规定的技术要求。经建设单位同意,沥青的 *PI* 值、60 ℃动力黏度、10 ℃延度可作为选择性指标。

表 8-1　道路石油沥青分级及适用范围

沥青等级	含蜡量(%) ≤	适用范围
A 级沥青	2.2	各个等级的公路,适用于任何场合和层次
B 级沥青	3.0	(1)高速公路、一级公路沥青下面层及以下的层次,二级及二级以下公路的各个层次; (2)用作改性沥青、乳化沥青、改性乳化沥青、稀释沥青的基质沥青
C 级沥青	4.5	三级及三级以下公路的各个层次

表 8-2　道路石油沥青技术要求

指标	等级	160 号	130 号	110 号	90 号					70 号					50 号	30 号
适用的气候分区				2-1 2-2 2-3	1-1	1-2	1-3	2-2	2-3	1-3	1-4	2-2	2-3	2-4	1-4	
针入度(25 ℃,100 g,5 s)(0.1 mm)		140~200	120~140	100~120	80~100					60~80					40~60	20~40
针入度指数 *PI*	A	−1.5 ~ +1.0														
	B	−1.8 ~ +1.0														
软化点(R&B)(℃) ≥	A	38	40	43	45			44		46			45		49	55
	B	36	39	42	43			42		44			43		46	53
	C	35	37	41	42					43					45	50
60 ℃动力黏度(Pa·s) ≥	A	—	60	120	160			140		180			160		200	260
10 ℃延度(cm) ≥	A	50	50	40	45	30	20	30	20	20	15	25	20	15	15	10
	B	30	30	30	30	20	15	20	15	15	10	20	15	10	10	8
15 ℃延度(cm) ≥	A、B	100													80	50
	C	80	80	60	50					40					30	20
闪点(℃) ≥		230			245					260						
含蜡量(蒸馏法)(%) ≤	A	2.2														
	B	3.0														
	C	4.5														
溶解度(%) ≥		99.5														

续表 8-2

指标	等级	160 号	130 号	110 号	90 号	70 号	50 号	30 号
15 ℃密度(g/cm³)		实测记录						
薄膜加热试验后								
质量变化(%)≤		±0.8						
残留针入度比 (25 ℃) (%) ≥	A	48	54	55	57	61	63	65
	B	45	50	52	54	58	60	62
	C	40	45	48	50	54	58	60
残留延度 (10 ℃)(cm)≥	A	12	12	10	8	6	2	—
	B	10	10	8	6	4	2	—
残留延度 (15 ℃)(cm)≥	C	40	36	30	20	15	10	—

(二)建筑石油沥青的技术标准

建筑石油沥青的牌号主要根据针入度、延度、软化点等指标划分,并以针入度值表示。建筑石油沥青、防水防潮石油沥青技术要求见表 8-3。

表 8-3 建筑石油沥青、防水防潮石油沥青技术要求

质量指标		建筑石油沥青			防水防潮石油沥青			
		40	30	10	3	4	5	6
针入度(0.1 mm)		36~50	26~35	10~25	25~45	20~40	20~40	30~50
延度(cm) ≥		3.5	3	1.5	—	—	—	—
软化点(℃) ≥		60	75	95	85	90	100	95
针入度指数 ≥		—			3	4	5	6
溶解度(三氯乙烯) (%) ≥		99.5			98	98	95	92
蒸发损失试验	质量损失(%)≤	1						
	针入度比(%)≥	65			—	—	—	—
闪点(℃) ≥		230			250	270	270	270
脆点(℃) ≤		—			-5	-10	-15	-20

同一品种的石油沥青材料,牌号越高,则黏性越小(针入度越大),塑性越好(延度越大),温度敏感性越大(软化点越低)。

第二节　石油沥青技术性质试验检测

试验要求:了解沥青三大指标的概念、掌握沥青三大指标的测定方法,并能根据测定结果评定沥青的技术等级。

本节试验采用的标准及规范:

(1)《建筑石油沥青》(GB/T 494—2010);

(2)《沥青取样法》(GB/T 11147—2010);

(3)《沥青针入度测定法》(GB/T 4509—2010);

(4)《沥青延度测定法》(GB/T 4508—2010);

(5)《沥青软化点测定法 环球法》(GB/T 4507—2014);

(6)《公路工程沥青及沥青混合料试验规程》(JTG E20—2011)。

一、石油沥青的针入度检验

(一)试验目的

通过测定沥青针入度以了解沥青的黏滞性,并作为确定沥青牌号的依据之一。

本方法适用于测定针入度范围为(0~500)1/10 mm的固体和半固体沥青材料的针入度。

(二)主要仪器设备

(1)针入度仪:凡能保证针和针连杆在无明显摩擦下垂直运动,并能指示针贯入深度准确至 0.1 mm的仪器均可使用。针和针连杆组合件总质量为(50±0.05)g,另附(50±0.05)g砝码一只,试验时总质量为(100±0.05)g(见图 8-1)。当采用其他试验条件时,应在试验结果中注明。仪器设有放置平底玻璃保温皿的平台,并有调节水平的装置,针连杆应与平台相

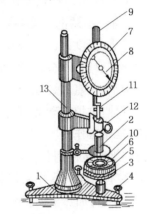

1—基座;2—小镜;3—圆形平台;
4—调平螺丝;5—保温皿;6—试样;
7—刻度盘;8—指针;9—活杆;10—标准针;
11—连杆;12—按钮;13—砝码

图 8-1　针入度仪

垂直。仪器设有针连杆自动按钮,使针连杆可自由下落。针连杆易于装拆,以便检查其质量。仪器还设有可自由转动与调节距离的悬臂,其端部有一面小镜子或聚光灯泡,借以观察针尖与试样表面接触情况。

当为自动针入度仪(见图 8-2)时,各项要求与此项相同,温度采用温度传感器测定,针入度值采用位移计测定,并能自动显示或记录,且应经常校验自动装置的准确性。为提高测试精密度,不同温度的针入度试验宜采用自动针入度仪进行。

(2)标准针:由硬化回火的不锈钢制成,洛氏硬度 HRC 54~60,表面粗糙度 Ra 0.2~

0.3 μm,针及针杆总质量(2.5±0.05)g,针杆上应打印有号码标志,针应设有固定用装置盒(筒),以免碰撞针尖,每根针必须附有计量部门的检验单,并定期进行检验,其尺寸及形状符合规定。

(3)盛样皿:金属制,圆柱形平底。

小盛样皿内径 55 mm,深 35 mm(适用于针入度<200 的试样);大盛样皿内径 70 mm,深 45 mm(适用于针入度为 200~350 的试样);对于针入度>350 的试样需使用特殊盛样皿,其深度不小于 60 mm,试样体积不小于 125 mL。

(4)恒温水槽:容量不小于 10 L,控温的准确度为 0.1 ℃。水槽中应设有一带孔的搁架,位于水面下不得少于 100 mm,距水槽底不得少于 50 mm 处。

(5)平底玻璃皿:容量不少于 1 L,深度不少于 80 mm。内设有一不锈钢三脚支架,能使盛样皿稳定。

图 8-2　自动针入度仪

(6)秒表、温度计(液体玻璃温度计,刻度范围-8~55 ℃,分度值为 0.1 ℃)。

(7)盛样皿盖:平板玻璃,直径不小于盛样皿开口尺寸。

(8)溶剂:三氯乙烯等。

(9)其他:电炉或砂浴、石棉网、金属锅或瓷把坩埚等。

(三)准备工作

(1)热沥青试样制备。

①将装有试样的盛样皿带盖放入恒温烘箱中,当石油沥青试样中含有水分时,烘箱温度为 80 ℃左右,加热至沥青全部融化后供脱水用。当石油沥青中无水分时,烘箱温度宜为软化点温度以上 90 ℃,通常为 135 ℃左右。对取来的沥青试样不得直接采用电炉或煤气炉明火加热。

②当石油沥青试样中含有水分时,将盛样皿放在可控温的砂浴、油浴、电热套上加热脱水,不得已采用电炉、煤气炉加热脱水时,必须加放石棉垫,时间不超过 30 min,并用玻璃棒轻轻搅拌,防止局部过热。在沥青温度不超过 100 ℃的条件下,仔细脱水至无泡沫为止,最后的加热温度不超过软化点以上 100 ℃(石油沥青)或 50 ℃(煤沥青)。

③将盛样皿中的沥青通过 0.6 mm 的滤筛过滤,不等冷却立即灌入规定大小的盛样皿中,试样高度应超过预计针入度值 10 mm,并盖上盛样皿盖,以防落入灰尘。盛有试样的盛样皿在 15~30 ℃的室温中静置冷却 1~1.5 h(小盛样皿)、1.5~2 h(大盛样皿)、2~2.5 h(特殊盛样皿)。

(2)按试验要求将恒温水槽调节到要求的试验温度,如 25 ℃或 15 ℃、30 ℃、5 ℃等,保持稳定。

(3)调整针入度仪使之水平。检查针连杆和导轨,以确认无水和其他外来物,无明显摩擦。用三氯乙烯或其他溶剂清洗标准针,并拭干。将标准针插入针连杆,用螺丝固紧。按试验条件,加上附加砝码。

(四)试验步骤

(1)取出达到恒温的盛样皿,并移入水温控制在试验温度±0.1 ℃(可用恒温水槽中的水)的平底玻璃皿中的三脚支架上,试样表面以上的水层深度不少于 10 mm。

(2)将盛有试样的平底玻璃皿置于针入度仪的平台上。慢慢放下针连杆,用适当位置的反光镜或灯光反射观察,使针尖恰好与试样表面接触。拉下刻度盘的拉杆,使其与针连杆顶端轻轻接触,调节刻度盘或深度指示器的指针指示为 0。

(3)开动秒表,在指针正指 5 s 的瞬间,用手紧紧压按钮,使标准针自动下落贯入试样,经规定时间,停压按钮,使针停止移动。

注:当采用自动针入度仪时,计时与标准针落下贯入试样同时开始,至 5 s 时自动停止。

(4)拉下刻度盘拉杆,使其与针连杆顶端接触,读取刻度盘指针或位移指示器的读数,准确至 0.5(0.1 mm)。

(5)同一试样平行试验至少 3 次,各测试点之间及与试样皿边缘的距离不应少于 10 mm。每次试验后应将盛有盛样皿的平底玻璃皿放入恒温水槽,使平底玻璃皿中水温保持试验温度。每次试验应换一根干净标准针或将标准针取下,用蘸有三氯乙烯溶剂的棉花或布揩净,再用干棉花或布擦干。

(6)当测定针入度大于 200 的沥青试样时,至少用 3 支标准针,每次试验后将针留在试样中,直到 3 次平行试验完成后,才能将标准针取出。

(五)结果整理

(1)当同一试样 3 次平行试验结果的最大值和最小值之差在表 8-4 允许偏差范围内时,计算 3 次结果的平均值,取整数作为针入度试验结果,以 0.1 mm 为单位。

表 8-4　针入度测定最大差值　　　　　　　　(单位:0.1 mm)

针入度	0~49	50~149	150~249	250~350
最大差值	2	4	6	10

(2)当试验值不符合此要求时,应利用第二个样品重新进行试验。

(3)精密度或允许差。

①当试验结果小于 50(0.1 mm)时,重复性试验的允许差为 2(0.1 mm),复现性试验的允许差为 4(0.1 mm)。

②当试验结果大于或等于 50(0.1 mm)时,重复性试验的允许差为平均值的 4%,复现性试验的允许差为平均值的 8%。

(六)试验记录与结果处理

沥青针入度试验记录与结果处理按表 8-5 进行。

表 8-5　沥青针入度试验记录表

沥青品种：　　　　　　　　　试验室环境温度：　　　　　　　　试验室环境湿度：

试验温度 （℃）	试验针荷重 （g）	贯入时间 （s）	刻度盘 初读数	刻度盘 终读数	针入度(0.1 mm)	
					测定值	平均值

试验者：　　　　　记录者：　　　　　校核者：　　　　　日期：

分析及讨论：

二、石油沥青的延度检验

(一) 试验目的

测定石油沥青的延度，以评定沥青的塑性，并作为确定沥青牌号的依据之一。

石油沥青的延度是用规定的试样，在一定温度下以一定速度拉伸至断裂时的长度。非经特殊说明，试验温度为（25±0.5）℃，拉伸速度为（5±0.25）cm/min。

(二) 主要仪器设备

(1) 延度仪：将试件浸没于水中，能保持规定的试验温度及按照规定拉伸速度拉伸试件且试验时无明显振动的延度仪均可使用。

(2) 试模：黄铜制，由两个端模和两个侧模组成，其形状及尺寸如图 8-3 所示。试模内侧表面粗糙度 Ra 0.2 μm，当装配完好后可浇铸成规定尺寸的试样。

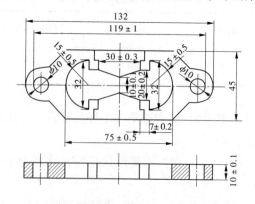

图 8-3　沥青延度仪试模　（单位：mm）

(3) 试模底板：玻璃板或磨光的铜板、不锈钢板（表面粗糙度 Ra 0.2 μm）。

(4) 恒温水槽：容量不少于 10 L，控制温度的准确度为 0.1 ℃，水槽中应设有带孔搁架,搁架距水槽底不得小于 50 mm。试样浸入水中深度不小于 100 mm。

(5)温度计:0~50 ℃,分度 0.1 ℃和 0.5 ℃各一支。

(6)甘油滑石粉隔离剂:甘油与滑石粉的质量比为 2∶1。

(7)其他:砂浴、平刮刀、石棉网、酒精、食盐等。

(三)试样准备

(1)将隔离剂拌和均匀,涂于清洁干燥的试模底板和两个侧模的内侧表面,并将试模在试模底板上装妥。

(2)按规程规定方法准备试样。小心加热样品,充分搅拌以防局部过热,直到样品容易倾倒。石油沥青加热温度不超过预计石油沥青软化点 90 ℃。样品加热的时间在不影响样品性质和保证样品充分流动的基础上尽量短。然后将试样仔细自试模的一端至另一端往返数次缓缓注入模中,最后略高出试模,灌模时应注意勿使气泡混入。

(3)试件在室温中冷却 30~40 min,然后置于规定试验温度±0.1 ℃的恒温水槽中,保持 30 min 后取出,用热刮刀刮除高出试模的沥青,使沥青面与试模面齐平。沥青的刮法应自试模的中间刮向两端,且表面应刮得平滑。刮毕将试模连同底板再浸入规定试验温度的水槽中 1~1.5 h。

(四)试验方法与步骤

(1)检查延度仪延伸速度是否符合规定要求,然后移动滑板使其指针正对标尺的零点。将延度仪注水,并保温达试验温度±0.5 ℃。

(2)将保温后的试件连同底板移入延度仪的水槽中,然后将盛有试样的试模自玻璃板或不锈钢板上取下,将试模两端的孔分别套在滑板及槽端固定板的金属柱上,并取下侧模。水面距试件表面应不小于 25 mm。

(3)开动延度仪,以规定速度拉伸,拉伸速度允许误差在±5%以内,并注意观察试样的延伸情况。此时应注意,在试验过程中,水温应始终保持在试验温度规定范围内,且仪器不得有振动,水面不得有晃动。当水槽采用循环水时,应暂时中断循环,停止水流。

在试验中,如发现沥青细丝浮于水面或沉入槽底,则应在水中加入酒精或食盐,调整水的密度至与试样相近后,重新试验。

(4)当试件拉断时,读取指针所指标尺上的读数,以 cm 表示,见图 8-4。在正常情况下,试件延伸时应成锥尖状,拉断时实际断面接近于零。如不能得到这种结果,则应在报告中注明。

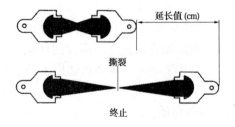

图 8-4　延度测定示意图

(五)试验结果整理

(1)同一试样,每次平行试验不少于 3 个,如 3 个测定结果均大于 100 cm,试验结果记作">100 cm";特殊需要也可分别记录实测值。

3 个测定结果中,当有一个以上的测定值小于 100 cm 时,若最大值或最小值与平均值之差满足重复性试验精度要求,则取 3 个测定结果的平均值的整数作为延度试验结果,若平均值大于 100 cm,记作">100 cm"。

若最大值或最小值与平均值之差不符合重复性试验精度要求,应重新进行试验。

(2)精密度或允许差。

当试验结果小于 100 cm 时,重复性试验的允许差为平均值的 20%,复现性试验的允许差为平均值的 30%。

(六)试验记录与结果处理

试验记录与结果处理按表 8-6 进行。

表 8-6　沥青延度试验记录表

沥青品种:　　　　　　　　　试验室环境温度:　　　　　　　　试验室环境湿度:

试验温度 (℃)	试验速度 (cm/min)	测定值 (cm)	平均值 (cm)
结　论			

试验者:　　　　记录者:　　　　校核者:　　　　日期:

　分析及讨论:

三、石油沥青的软化点检验(环球法)

(一)试验目的

测定石油沥青的软化点,以确定沥青的耐热性及温度稳定性,并作为确定沥青牌号的依据之一。本试验是用环球法测定沥青软化点。沥青的软化点是试样在测定条件下,因受热而下坠达 25.4 mm 时的温度,以℃表示。本方法适用于环球法测定软化点范围在 30~157 ℃的石油沥青和煤焦油沥青试样,软化点在 30~80 ℃,可用蒸馏水做加热介质,软化点在 80~157 ℃,可用甘油做加热介质。

(二)主要仪器设备

(1)沥青软化点试验仪(见图 8-5),由下列部件组成:

①钢球:直径为 9.53 mm,质量为(3.5±0.05)g。

②试样环:黄铜或不锈钢等制成。

③钢球定位环:黄铜或不锈钢制成,能使钢球定位于试样中央。

④金属支架:由两个主杆和三层平行的金属板组成。上层为一圆盘,直径略大于烧杯直径,中间有一圆孔,用以插放温度计。中层板上有两个孔,各放置金属环,中间有一小孔可支持温度计的测温端部。一侧立杆距环上面 51 mm 处刻有水高标记。环下面距下层底板为 25.4 mm,而下底板距烧杯底不少于 12.7 mm,也不得大于 19 mm。三层金属板和两个主杆由两个螺母固定在一起。

图 8-5　沥青软化点测定仪附件

⑤耐热玻璃杯:容量 800~1 000 mL,直径不小于 86 mm,高不小于 120 mm。

⑥温度计:测温范围在 30~180 ℃,最小分度值为 0.5 ℃的全浸式温度计。

(2)环夹:由薄钢条制成,用以支持金属环,以便刮平表面。

(3)装有温度调节器的电炉或其他加热炉具。应采用带有振荡搅拌器的加热电炉,振荡子置于烧杯底部。

(4)试样底板:金属板(表面粗糙度应达 Ra0.8 μm)或玻璃板。

(5)恒温水槽:控温的准确度为 0.5 ℃。

(6)平直刮刀。

(7)甘油滑石粉隔离剂:甘油与滑石粉的质量比为 2∶1。

(8)加热介质:新煮沸过的蒸馏水,甘油。

(9)其他:石棉网。

(三)试样准备

(1)所有石油沥青试样的准备和测试必须在 6 h 内完成,煤焦油沥青必须在 4.5 h 内完成。小心加热试样,并不断搅拌,以防止局部过热,直到样品变得能够流动。小心搅拌,以免气泡进入样品中。

①石油沥青样品加热至倾倒温度的时间不超过 2 h,其加热温度不超过沥青预计软化点 110 ℃。

②煤焦油沥青样品加热至倾倒温度的时间不超过 30 min,其加热温度不超过煤焦油沥青预计软化点 55 ℃。

③如果重复试验,不能重新加热样品,应在干净容器中用新鲜样品制备试样。

(2)将试样环置于涂有甘油滑石粉隔离剂的试样底板上。按规程规定方法将准备好的沥青试样徐徐注入试样环内至略高出环面为止。

如估计试样软化点高于 120 ℃,则试样环和试样底板(不用玻璃板)均应预热至 80~100 ℃。

(3)试样在室温下冷却 30 min 后,用环夹夹着试样杯,并用热刮刀刮除环面上的试样,务使其与环面齐平。

对于在室温下较软的样品,应将试件在低于软化点 10 ℃ 以上的环境中冷却 30 min。从开始倒试样时起至完成试验的时间不得超过 240 min。

(四)试验方法与步骤

(1)选择下列一种加热介质。

①新煮沸过的蒸馏水适于软化点为 30~80 ℃ 的沥青,起始加热介质温度应为(5±1)℃。

②甘油适于软化点为 80~157 ℃ 的沥青,起始加热介质温度应为(30±1)℃。

③为了进行比较,所有软化点低于 80 ℃ 的沥青应在水浴中测定,而软化点高于 80 ℃ 的沥青在甘油浴中测定,如图 8-6 所示。

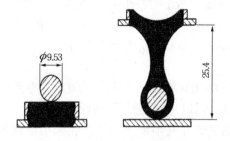

图 8-6　沥青软化点测定示意图　(单位:mm)

(2)试样软化点在 80 ℃ 以下者:

①将装有试样的试样环连同试样底板置于水温为(5±0.5)℃ 的恒温水槽中至少 15 min;同时将金属支架、钢球、钢球定位环等亦置于相同水槽中。

②烧杯内注入新煮沸并冷却至 5 ℃ 的蒸馏水,水面略低于立杆上的深度标记。

③从恒温水槽中取出盛有试样的试样环放置在支架中层板的圆孔中,套上定位环;然后将整个环架放入烧杯中,调整水面至深度标记,并保持水温为(5±0.5)℃。环架上任何部分不得附有气泡。将测温范围为 0~80 ℃ 的温度计由上层板中心孔垂直插入,使端部测温头底部与试样环下面齐平。

④将盛有水和环架的烧杯移至放有石棉网的加热炉具上,然后将钢球放在定位环中间的试样中央,立即开动振荡搅拌器,使水微微振荡,并开始加热,使杯中水温在 3 min 内调节至维持每分钟上升(5±0.5)℃。在加热过程中,应记录每分钟上升的温度值,如温度上升速度超出此范围,则试验应重做。

⑤试样受热软化逐渐下坠,至与下层底板表面接触,立即读取温度,准确至 0.5 ℃。

(3)试样软化点在 80 ℃ 以上者:

①将装有试样的试样环连同试样底板置于装有(32±1)℃ 甘油的恒温槽中至少 15 min;同时将金属支架、钢球、钢球定位环等亦置于甘油中。

②在烧杯内注入预先加热至 32 ℃ 的甘油,其液面略低于立杆上的深度标记。

③从恒温槽中取出装有试样的试样环,按上述(2)的方法进行测定,准确至 1 ℃。

(五)结果计算与数据处理

(1)同一试样平行试验两次,当两次测定值的差值符合重复性试验精密度要求时,取其平均值作为软化点试验结果,精确至 0.5 ℃。

报告试验结果同时报告浴槽中所使用的加热介质种类。

(2)精密度或允许差:

①当试样软化点小于 80 ℃时,重复性试验的允许差为 1 ℃,复现性试验的允许差为 4 ℃。

②当试样软化点大于或等于 80 ℃时,重复性试验的允许差为 2 ℃,复现性试验的允许差为 8 ℃。

(六)试验记录与结果处理

沥青软化点试验记录与结果处理按表 8-7 进行。

表 8-7　沥青软化点试验记录表

沥青品种及编号:　　　　加热介质:水(甘油)　试验室环境温度:　　　试验室环境湿度:

起始加热温度(℃)	烧杯中液体温度上升记录(℃)															软化点(℃)	平均值(℃)
	1 min末	2 min末	3 min末	4 min末	5 min末	6 min末	7 min末	8 min末	9 min末	10 min末	11 min末	12 min末	13 min末	14 min末	15 min末		
备注																	

试验者:　　　　　记录者:　　　　校核者:　　　　　　日期:

分析及讨论:

第九章　沥青混合料技术性质及其试验检测

第一节　沥青混合料技术性质

沥青混合料是指由矿料(粗集料、细集料、矿粉)与沥青拌和而成的混合料,是现代道路最主要的路面材料。沥青混合料作为路面材料具有良好的力学性能和一定的高温稳定性、低温抗裂性,施工无接缝,吸噪防尘,车辆行驶平稳舒适、安全可靠。因此,应用越来越广泛。

沥青混合料的材料组成不同、施工方式不同,其性能各异。目前,我国道路工程使用最多的是连续级配密实式热拌热铺沥青混合料。因此,下面主要针对该类沥青混合料讨论其技术性质。

沥青混合料作为路面材料,要承受车辆荷载反复作用及气候环境等因素的影响,所以它应具有较好的高温稳定性、低温抗裂性、耐久性、抗滑性等技术性质,以及良好的施工和易性。

一、高温稳定性

高温稳定性是指在夏季高温(通常为 60 ℃)条件下,沥青混合料能够抵抗车辆荷载的反复作用,不会产生显著永久变形,保证沥青路面平整的性能。

通常采用马歇尔试验和车辙试验来测定沥青混合料的高温稳定性。马歇尔试验的评价指标是马歇尔稳定度、流值、马歇尔模数;车辙试验的评价指标是动稳定度。

沥青混合料高温稳定性的形成主要来源于矿质集料颗粒间的嵌锁作用及沥青的高温黏度。使用黏度较高的沥青,可适当减少沥青用量,选用形状好、富棱角的集料,以及采用骨架密实结构,都有助于提高沥青混合料的高温稳定性。

二、低温抗裂性

低温抗裂性是指沥青混合料抵抗低温收缩裂缝的能力。

与高温变形相对应,冬季低温时沥青混合料将产生体积收缩,但在基层结构与周围材料的约束作用下,沥青混合料不能自由收缩,从而在结构层中产生温度应力。由于沥青混合料具有一定的应力松弛能力,当降温速率较慢时,所产生的温度应力会随时间逐渐松弛减小,不会对沥青路面产生明显的危害。但当气温骤降时,所产生的温度应力来不及松弛,当温度应力超过沥青混合料的容许应力时,沥青混合料被拉裂,导致沥青路面出现裂缝,造成路面的损坏。

因此,要求沥青混合料应具备一定的低温抗裂性能,即要求沥青混合料具有较高的低温强度或较大的低温变形能力。

现行规范规定,采用沥青混合料低温弯曲试验评价混合料低温性能。相应的评价指标是低温破坏强度、破坏应变、破坏劲度模量。沥青混合料在低温下破坏弯拉应变越大,低温柔韧性越好,抗裂性越好。

影响沥青混合料低温性能的主要因素是沥青的低温劲度。沥青的低温劲度则取决于沥青的黏度和温度敏感性。如在寒冷地区,可采用稠度较低、劲度较低的沥青,或选择松弛性能较好的橡胶类改性沥青来提高混合料的低温抗裂性。

三、耐久性

耐久性是指沥青混合料在使用过程中抵抗环境不利因素的能力及承受行车荷载反复作用的能力,主要包括水稳性、耐老化性、耐疲劳性等几个方面。

水稳性是指沥青混合料抵抗由于水侵蚀而逐渐产生沥青膜剥离、松散、坑槽等破坏的能力。沥青剥离,黏结强度降低,集料松散,易形成坑槽,即"水损坏"。

我国现行规范采用浸水马歇尔试验和冻融劈裂试验来检验沥青混合料的水稳定性,分别用残留稳定度及残留强度比作为评价水稳性的指标。残留稳定度愈大,或残留强度比愈大,混合料水稳性愈高。

耐老化性是指沥青混合料抵抗由于人为和自然因素作用而逐渐丧失变形能力与柔韧性等各种良好品质的能力。在施工中要对沥青反复加热,且铺筑好的沥青路面长期处在自然环境中,要经受光、氧、水、紫外线等因素的作用,使沥青老化,变形能力下降。沥青路面在温度和荷载作用下容易开裂,从而导致水分下渗数量增加,加剧路面破坏,缩短沥青路面的使用寿命。

耐疲劳性是指沥青混合料在反复荷载作用下抵抗疲劳破坏的能力。沥青混合料使用期间经受车轮荷载的反复作用,长期处于应力应变交迭变化状态,致使混合料强度逐渐下降,路面出现裂缝,即产生疲劳断裂破坏。

总之,现行规范规定,评价沥青混合料耐久性的指标是空隙率、饱和度、残留稳定度。

四、抗滑性

抗滑性是指在一定条件下(速度、路面湿度)车辆的紧急制动距离及抗侧滑能力。抗滑性是沥青混合料路面最重要的使用性能之一,对于车速较高的高等级公路,路面抗滑性显得尤为重要。

影响路面抗滑性能的主要因素是矿料性能、沥青用量及含蜡量。选用质地坚硬具有棱角的碎石集料,适当增大集料粒径,减少沥青用量,选用含蜡量较低的沥青等措施,都有助于提高路面抗滑性。

五、施工和易性

施工和易性是指在拌和过程中易于均匀,在运输、摊铺过程中不易离析,在碾压过程中易于压实成型的性能。

沥青混合料具备良好的施工和易性,是保证沥青混合料具有良好路用性能的必要条件。影响沥青混合料施工和易性的因素主要有矿料级配和沥青用量、施工条件(混合料温度、工地环境气温状况)等。

目前尚无直接评价沥青混合料施工和易性的方法和指标,通常的做法是,严格控制材料的组成和配比,采用经验的方法根据现场实际情况进行调控(如经验目测、取样检验等)。

第二节　沥青混合料技术性质试验检测

试验要求:沥青混合料是以沥青为胶结材料,与矿料(包括粗集料、细集料和填料)经混合拌制而成的混合料的总称。要求掌握沥青混凝土马歇尔稳定度和流值的测定,因为其是可以表征沥青混凝土温度稳定性和塑性变形能力的两个指标,已用于沥青混凝土配合比设计和现场质量控制。

本节试验采用的标准及规范:

(1)《公路工程沥青及沥青混合料试验规程》(JTG E20—2011);

(2)《公路沥青路面施工技术规范》(JTG F40—2004)。

一、沥青混合料试件制作方法(击实法)

(一)试验目的

本试验方法适用于标准击实法或大型击实法制作沥青混合料试件,以供试验室进行沥青混合料物理力学性质试验使用。

标准击实法适用于马歇尔试验、间接抗拉试验(劈裂法)等使用的ϕ101.6 mm×63.5 mm圆柱体试件的成型。大型击实法适用于ϕ152.4 mm×95.3 mm的大型圆柱体试件的成型。

沥青混合料试件制作时的矿料规格及试件数量应符合《公路工程沥青及沥青混合料试验规程》(JTG E20—2011)的规定。沥青混合料配合比设计及在试验室人工配制沥青混合料制作试件时,试件尺寸应符合试件直径不小于集料公称最大粒径的4倍、厚度不小于集料公称最大粒径的1~1.5倍的规定。试验室成型的一组试件的数量不得少于4个,必要时增加至5或6个。

(二)主要仪器设备

(1)标准击实仪:由击实锤、ϕ98.5 mm平圆形压实头及带手柄的导向棒组成。用人工或机械将压实锤举起,从(457.2±1.5)mm高度沿导向棒自由落下击实,标准击实锤质量为(4 536±9)g。

大型击实仪:由击实锤、ϕ149.5 mm平圆形压实头及带手柄的导向棒(直径15.9 mm)组成。用机械将压实锤举起,从(457.2±2.5)mm高度沿导向棒自由落下击实,大型击实锤质量为(10 210±10)g。

(2)标准击实台:用以固定试模,在200 mm×200 mm×457 mm的硬木墩上面有一块305 mm×305 mm×25 mm的钢板,木墩用4根型钢固定在水泥混凝土地面上。人工或机械击实均必须有此标准击实台。

(3)自动击实仪:将标准击实仪及标准击实台安装为一体,并用电力驱动,使击实锤连续击实试件且可自动记数的设备,击实速度为(60±5)次/min。

（4）试验室用沥青混合料拌和机:能保证拌和温度并充分拌和均匀,可控制拌和时间,容量不小于 10 L。搅拌叶自转速度 70~80 r/min,公转速度 40~50 r/min。

（5）脱模器:电动或手动,可无破损地推出圆柱体试件。备有标准圆柱体试件及大型圆柱体试件尺寸的推出环。

（6）试模:由高碳钢或工具钢制成,每组包括内径(101.6±0.2)mm、高 87 mm 的圆柱形金属筒及底座(直径约 10.6 mm)和套筒(内径 101.6 mm、高 70 mm)各 1 个。

大型圆柱体试件的试模与套筒尺寸分别为:套筒外径 165.1 mm,内径(155.6±0.3)mm,总高 83 mm。试模内径(152.4±0.2)mm,总高 115 mm,底座板厚 12.7 mm,直径 172 mm。

（7）烘箱:大、中型各一台,装有温度调节器。

（8）天平或电子秤:用于称量矿料的,感量不大于 0.5 g;用于称量沥青的,感量不大于 0.1 g。

（9）沥青运动黏度计:毛细管黏度计、塞波特重油黏度计或布洛克菲尔德黏度计。

（10）温度计:测温范围 0~300 ℃,分度为 1 ℃。

（11）其他:螺丝刀、电炉、拌和锅、标准筛、滤纸、胶布、卡尺、秒表、棉纱等。

(三)试验方法与步骤

（1）确定制作沥青混合料试件的拌和与压实温度。

当缺乏沥青黏度测定条件时,试件的拌和与压实温度可参考表 9-1 选用。针入度大、稠度小的沥青取低限,针入度小、稠度大的沥青取高限,一般取中值。对改性沥青,应根据改性剂的品种和用量,适当提高混合料的拌和及压实温度。对大部分聚合物改性沥青,需在基质沥青的基础上提高 15~30 ℃,掺加纤维时,尚需再提高 10 ℃左右。

表 9-1　沥青混合料拌和与压实温度参考表

沥青混合料种类	拌和温度(℃)	压实温度(℃)
石油沥青	130~160	120~150
煤沥青	90~120	80~110
改性沥青	160~175	140~170

常温沥青混合料的拌和及压实在常温下进行。

（2）将沥青混合料拌和机预热至拌和温度以上 10 ℃左右备用(对试验室试验研究、配合比设计及采用机械拌和施工的工程,严禁用人工炒拌法热拌沥青混合料)。

（3）将预热(温度为沥青拌和温度以上 15 ℃)的每个试件的粗细集料置于拌和机中,用小铲子适当混合,然后加入需要数量的已加热至拌和温度的沥青,开动拌和机一边搅拌一边使拌和叶片进入混合料中,拌和 1~1.5 min,然后暂停搅拌,加入单独加热的矿粉,继续搅拌至均匀为止,并使沥青混合料保持在规定的拌和温度范围内。标准的拌和时间为 3 min。

（4）将拌好的沥青混合料,均匀称取一个试件需要的用量(标准马歇尔试件约 1 200 g,大型马歇尔试件约 4 050 g)。若已知沥青混合料的密度,可根据试件的标准体积乘以

1.03 的系数得到要求的沥青混合料的用量。

（5）从烘箱中取出预热（100 ℃、1 h）的试模和套筒,用沾有少许黄油的棉纱擦拭试模、底座及击实锤底面,将试模装在底座上并套上套筒,垫入一张圆形的滤纸,按四分法从四个方向用小铲将混合料铲入试模中,再用螺丝刀沿周边插捣 15 次,中间 10 次,插捣完成后将混合料表面平整成凸圆弧面。

（6）插入温度计至混合料中心附近,检查混合料温度。待混合料温度符合要求的压实温度后,将试模连同底座一起放在击实台上固定,在装好的混合料上面垫一张吸油性小的滤纸,再将装有击实锤及导向棒的压实头放入试模中。然后开动电动机或人工将击实锤从 457 mm 的高度自由下落击实规定的次数（75 次、50 次或 35 次）。对大型马歇尔试件,击实次数为 75 次（相应于标准击实 50 次）或 112 次（相应于标准击实 75 次）。

（7）试件击实完成一面后,取下套筒,将试模倒转向下,再装上套筒,以同样方法和次数击实另一面。

（8）试件击实结束后,立即用镊子取掉上下面的滤纸,用卡尺量取试件距试模上口的距离,并由此计算出试件的实际高度,如高度不符合要求,试件应作废,并根据式（9-1）调整混合料的质量,以保证高度符合（63.5±1.3）mm（标准试件）或（95.3±2.5）mm（大型试件）的要求。

$$调整后的混合料质量 = \frac{要求试件高度 \times 原用混合料质量}{所得试件的高度} \tag{9-1}$$

（9）卸去套筒和底座,将装有试件的试模横向放置冷却至室温后（不少于 12 h）,置脱模机上脱出试件。将试件仔细置于干燥洁净的平面上备用。

用于做现场马歇尔指标检验的试件,在施工质量检验过程中如急需试验,允许采用电风扇吹冷 1 h 或浸水冷却 3 min 以上的方法脱模,但浸水脱模法不能用于测量密度、空隙率等各项物理指标。

二、沥青混合料马歇尔稳定度试验

（一）试验目的

马歇尔稳定度试验是对标准击实的试件在规定的温度和速度等条件下受压,测定沥青混合料的稳定度和流值等指标所进行的试验。

本方法适用于标准马歇尔稳定度试验和浸水马歇尔稳定度试验。标准马歇尔稳定度试验主要用于沥青混合料的配合比设计及沥青路面施工质量检验。浸水马歇尔稳定度试验主要是检验沥青混合料受水损害时抵抗剥落的能力,通过测试其水稳定性检验配合比设计的可行性。这里主要介绍标准马歇尔稳定度试验方法。

（二）主要仪器设备

（1）马歇尔试验仪,如图 9-1(a)所示。对用于高速公路和一级公路的沥青混合料宜采用自动马歇尔试验仪,用计算机或 X—Y 记录仪记录荷载—位移曲线,并具有自动测定荷载与试件垂直变形的传感器、位移计,能自动显示或者打印试验结果。

（2）试模及击实器:标准试模为内径 ϕ 101.6 mm、高（63.5±1.3）mm 的钢筒（配有套环及底板各一个）。击实器由击实锤和导杆组成,锤质量为 4.53 kg,可沿导杆自由下落,落距为 45.7 cm;导杆底端与一圆形击实座相固定。试模及击实器如图 9-1(b)所示。

(3)恒温水槽:控温准确至 1 ℃,深度不小于 150 mm。

(4)真空饱水容器:包括真空泵及真空干燥器。

(5)其他:烘箱、天平、温度计、卡尺、棉纱、黄油。

(三)试样准备

(1)制备符合要求的马歇尔试件,一组试件的数量最少不得少于 4 个。

(2)量测试件的直径及高度:用卡尺测量试件中部的直径,用马歇尔试件高度测定器或卡尺在十字对称的 4 个方向量测离试件边缘 10 mm 处的高度,准确

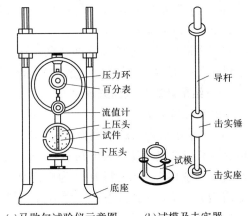

(a)马歇尔试验仪示意图　　(b)试模及击实器

图 9-1　马歇尔稳定度仪示意图

至 0.1 mm,并以其平均值作为试件的高度。如试件高度不符合(63.5±1.3)mm 或(95.3±2.5)mm 要求或两侧高度差大于 2 mm 时,此试件应作废。

(3)按规范规定方法测定试件的密度、空隙率、沥青体积百分率、沥青饱和度、矿料间隙率等物理指标。

(4)将恒温水槽调节至要求的试验温度,对黏稠石油沥青或烘箱养生过的乳化沥青混合料为(60±1)℃,对煤沥青混合料为(33.8±1)℃,对空气养生的乳化沥青或液体沥青混合料为(25±1)℃。

(四)试验方法与步骤

1.标准马歇尔试验方法

(1)将试件置于已达规定温度的恒温水槽中保温,保温时间为 30~40 min(标准试件)或 45~60 min(大型试件)。试件之间应有间隔,底部应垫起,离容器底部不小于 5 cm。

(2)将马歇尔试验仪的上下压头放入水槽或烘箱中达到同样温度。将上下压头从水槽或烘箱中取出擦干净内面,为使上下压头滑动自如,可在下压头的导棒上涂少量黄油。再将试件取出置于下压头上,盖上上压头,然后装在加载设备上。

(3)在上压头的球座上放妥钢球,并对准荷载测定装置的压头。

(4)当采用自动马歇尔试验仪时,将自动马歇尔试验仪的压力传感器、位移传感器与计算机或 X—Y 记录仪正确连接,调整好适宜的放大比例。调整好计算机程序或将 X—Y 记录仪的记录笔对准原点。

(5)当采用压力环和流值计时,将流值计安装在导棒上,使导向套管轻轻地压住上压头,同时将流值计读数调零。调整压力环中百分表,对零。

(6)启动加载设备,使试件承受荷载,加载速度为(50±5)mm/min。计算机或 X—Y 记录仪自动记录传感器压力和试件变形曲线,并将数据自动存入计算机。

(7)在试验荷载达到最大值的瞬间,取下流值计,同时读取压力环中百分表读数及流

值计的流值读数。

（8）从恒温水槽中取出试件至测出最大荷载值的时间，不得超过30s。

2.浸水马歇尔试验方法

浸水马歇尔试验方法与标准马歇尔试验方法的不同之处在于试件在已达规定温度恒温水槽中的保温时间为48 h，其余均与标准马歇尔试验方法相同。

（五）结果计算与数据处理

1.试件的稳定度及流值

（1）当采用自动马歇尔试验仪时，将计算机采集的数据绘制成压力和试件变形曲线，或由 X—Y 记录仪自动记录的荷载—变形曲线，按图9-2所示的方法在切线方向延长曲线与横坐标轴相交于 O_1，将 O_1 作为修正原点，从 O_1 起量取相应于荷载最大值时的变形作为流值（FL），以 mm 计，准确至 0.1 mm。最大荷载即为稳定度（MS），以 kN 计，准确至 0.01 kN。

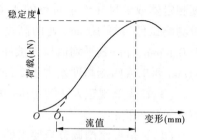

（2）当采用压力环和流值计测定时，根据压力环标定曲线，将压力环中百分表的读数换算为荷载值，或者由荷载测定装置读取的最大值即为试样的稳定度（MS），以 kN 计，准确至 0.01 kN。由流值计及位移传感器测定装置读取的试件垂直变形值，即为试件的流值（FL），以 mm 计，准确至 0.1 mm。

2.试件的马歇尔模数计算

图9-2　马歇尔试验结果修正

马歇尔模数计算公式如下：

$$T = \frac{MS}{FL} \tag{9-2}$$

式中　T——试件的马歇尔模数，kN/mm；

　　　MS——试件按标准方法测得的马歇尔稳定度，kN；

　　　FL——试件的流值，mm。

3.试件的浸水残留稳定度

根据试件的浸水马歇尔稳定度和标准马歇尔稳定度，按式（9-3）计算浸水残留稳定度：

$$MS_0 = \frac{MS_1}{MS} \times 100 \tag{9-3}$$

式中　MS_0——试件的浸水残留稳定度（%）；

　　　MS_1——试件浸水 48 h 后的稳定度，kN；

　　　MS——试件按标准方法测得的马歇尔稳定度，kN。

4.试验结果分析处理

（1）当一组测定值中某个数据与平均值之差大于标准差的 k 倍时，该测定值应予舍弃，并以其余测定值的平均值作为试验结果。当试验数目 n 为 3、4、5、6 个时，k 值分别为 1.15、1.46、1.67、1.82。

（2）当采用自动马歇尔试验仪试验时，试验结果应附上荷载—变形曲线原件或自动打印结果,并报告马歇尔稳定度、流值、马歇尔模数,以及试件尺寸、密度、空隙率、沥青用量、沥青体积百分率、沥青饱和度、矿料间隙率等各项物理指标。

(六)试验记录与结果处理

沥青混合料马歇尔试验记录与结果处理按表9-2进行。

表9-2 沥青混合料马歇尔试验记录表

混合料种类		沥青种类标号			沥青密度(g/cm³)			水密度(g/cm³)				
矿料名称							击实温度(℃)					
矿料密度(g/cm³)							锤击次数(每面)					
掺配比例(%)							试验规程					

试件编号	油石比(%)	试件直径101.6 mm / 试件高度 $h_标=63.5$ mm		空气中质量(g)	水中质量(g)	蜡封后试件在空气中质量(g)	体积(cm³)	密度(g/cm³) 实际	密度(g/cm³) 理论	沥青体积百分率(%)	空隙率(%)	粒料间空隙率(%)	饱和度(%)	稳定度(kN)	流值(0.1 mm)
序号		单值(mm)	平均												
1															
2															
3															
4															
5															
6															
平均															

试验者: 记录者: 校核者: 日期:

分析及讨论:

参 考 文 献

[1] 中华人民共和国国家标准.建设用砂:GB/T 14684—2011[S].北京:中国标准出版社,2011.

[2] 中华人民共和国国家标准.建设用卵石、碎石:GB/T 14685—2011[S].北京:中国标准出版社,2011.

[3] 中华人民共和国国家标准.烧结普通砖:GB 5101—2003[S].北京:中国标准出版社,2003.

[4] 中华人民共和国国家标准.砌墙砖试验方法:GB/T 2542—2003[S].北京:中国标准出版社,2003.

[5] 中华人民共和国国家标准.钢筋混凝土用钢 第1部分:热轧光圆钢筋:GB 1499.1—2008[S].北京:中国标准出版社,2008.

[6] 中华人民共和国国家标准.钢筋混凝土用钢 第2部分:热轧带肋钢筋:GB 1499.2—2007[S].北京:中国标准出版社,2007.

[7] 中华人民共和国国家标准.通用硅酸盐水泥:GB 175—2007[S].北京:中国标准出版社,2007.

[8] 中华人民共和国国家标准.水泥取样方法:GB/T 12573—2008[S].北京:中国标准出版社,2008.

[9] 中华人民共和国国家标准.水泥细度检验方法 筛析法:GB/T 1345—2005[S].北京:中国标准出版社,2005.

[10] 中华人民共和国国家标准.水泥比表面积测定方法 勃氏法:GB/T 8074—2008[S].北京:中国标准出版社,2008.

[11] 中华人民共和国国家标准.水泥标准稠度用水量、凝结时间、安定性检验方法:GB/T 1346—2011[S].北京:中国标准出版社,2011.

[12] 中华人民共和国国家标准.水泥胶砂强度检验方法(ISO法):GB/T 17671—1999[S].北京:中国标准出版社,1999.

[13] 中华人民共和国行业标准.普通混凝土配合比设计规程:JGJ 55—2011[S].北京:中国建筑工业出版社,2011.

[14] 中华人民共和国行业标准.砌筑砂浆配合比设计规程:JGJ/T 98—2010[S].北京:中国建筑工业出版社,2010.

[15] 中华人民共和国国家标准.普通混凝土力学性能试验方法标准:GB/T 50081—2002[S].北京:中国标准出版社,2002.

[16] 中华人民共和国行业标准.水利水电工程岩石试验规程:SL 264—2001[S].北京:中国建筑工业出版社,2001.

[17] 中华人民共和国行业标准.公路工程岩石试验规程:JTG E41—2005[S].北京:人民交通出版社,2005.

[18] 中华人民共和国行业标准.公路工程集料试验规程:JTG E42—2005[S].北京:人民交通出版社,2005.

[19] 中华人民共和国行业标准.公路工程水泥及水泥混凝土试验规程:JTG E30—2005[S].北京:人民交通出版社,2005.

[20] 中华人民共和国行业标准.公路工程沥青及沥青混合料试验规程:JTG E20—2011[S].北京:人民交通出版社,2011.

[21] 中华人民共和国行业标准.公路沥青路面施工技术规范:JTG F40—2004[S].北京:人民交通出版社,2004.

[22] 中华人民共和国行业标准.公路水泥混凝土路面施工技术细则:JTG/T F30—2014[S].北京:人民交通出版社,2014.

［23］ 中华人民共和国行业标准.公路桥涵施工技术规范:JTG/T F50—2011［S］.北京:人民交通出版社,
2011.

［24］ 中华人民共和国行业标准.公路工程质量检验评定标准 第一册 土建工程:JTG/T F80/1—2004
［S］.北京:人民交通出版社,2004.

［25］ 中华人民共和国行业标准.水利水电工程施工质量检验与评定规程:SL 176—2007［S］.北京:中国
水利水电出版社,2007.

［26］ 乔志琴.公路工程试验检测技术［M］.北京:人民交通出版社,2007.

［27］ 李宏斌,任淑霞.土木工程材料［M］.北京:中国水利水电出版社,2010.

［28］ 龚爱民.建筑材料［M］.郑州:黄河水利出版社,2009.

［29］ 李亚杰,方坤河.建筑材料:第6版［M］.北京:中国水利水电出版社,2009.

附 录

常规建筑材料实验报告

任课教师:＿＿＿＿＿＿＿＿

班级分组:＿＿＿＿＿专业＿＿级＿＿班第＿＿组

实验人员: 1.＿＿＿＿＿＿＿＿（组长）

2.＿＿＿＿＿＿＿＿

3.＿＿＿＿＿＿＿＿

4.＿＿＿＿＿＿＿＿

5.＿＿＿＿＿＿＿＿

6.＿＿＿＿＿＿＿＿

7.＿＿＿＿＿＿＿＿

实验日期: 20＿＿＿—20＿＿＿学年第＿学期

20＿年＿月

试验一 水泥细度试验(负压筛析法)

一、试验目的

二、试验记录

附表 1-1 水泥细度试验(负压筛析法)试验记录与结果处理表

水泥品种： 强度等级：

产地厂家： 出厂日期：

所用仪器设备的名称、型号及编号：

环境温度(℃)： 环境相对湿度(%)：

试样编号	试样质量 (g)	筛余量 (g)	筛余百分数 (%)	细度		备注
				实测值	标准规定值	
试验结论						

试验者： 记录者： 校核者： 日期：

三、分析及讨论

(判定该水泥细度是否合格,写出依据)

试验二　水泥标准稠度用水量试验

一、试验目的

二、试验记录

附表 2-1　水泥标准稠度用水量试验(标准法)试验记录与结果处理表

水泥品种：　　　　　　　　　　　　　　强度等级：

产地厂家：　　　　　　　　　　　　　　出厂日期：

所用仪器设备的名称、型号及编号：

环境温度(℃)：　　　　　　　　　　　　环境相对湿度(%)：

编号	试样质量 (g)	固定用水量 (mL)	试杆下沉深度 (mm)	标准稠度用水量 (%)
结论				

试验者：　　　　记录者：　　　　校核者：　　　　日期：

三、分析及讨论

(判定标准稠度用水量是否满足要求,写出依据)

试验三 水泥胶砂强度试验

一、试验目的

二、试验记录

附表 3-1 成型三条试件所需材料用量记录表

水泥品种：　　　　　　　　　　　强度等级：
产地厂家：　　　　　　　　　　　出厂日期：
所用仪器设备的名称、型号及编号：
环境温度(℃)：　　　　　　　　　环境相对湿度(%)：

成型日期(年-月-日)	水泥（g）	标准砂（g）	水（mL）

附表 3-2 水泥胶砂抗折强度抗压强度试验记录与结果处理表

加荷速率(N/s)：

试验龄期 （试验日期）	试件编号	抗折试验			抗压试验			
		荷载 （kN）	强度 （MPa）	平均 强度 （MPa）	荷载 （kN）	受压 面积 （mm×mm）	强度 （MPa）	平均 强度 （MPa）
3 d （　年　月　日）	1							
	2					40×40		
	3							
28 d （　年　月　日）	1							
	2					40×40		
	3							

试验者：　　　　记录者：　　　　校核者：　　　　日期：

三、分析及讨论

（据各龄期的强度结果暂定水泥的强度等级，写出依据）

试验四　　砂的筛分析试验

一、试验目的

二、试验记录

附表 4-1　砂的筛分析试验记录表

试样名称_____　　试样状态_____　　试样量_____g

筛孔尺寸（mm）	第一次筛分			第二次筛分		
	分计筛余		累计筛余百分率(%)	分计筛余		累计筛余百分率(%)
	重量(g)	百分率(%)		重量(g)	百分率(%)	
4.75						
2.36						
1.18						
0.6						
0.3						
0.15						
底盘						
细度模数						
细度模数平均值						

三、绘制筛分曲线

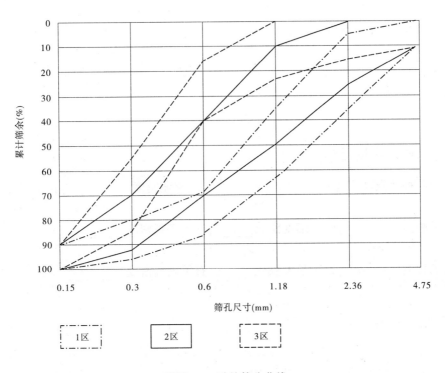

附图 4-1　砂的筛分曲线

四、分析及讨论

(该砂样的级配是否合格？粗细程度如何？)

试验五　混凝土配合比设计书

一、混凝土的技术要求

二、原材料质量指标

水泥品种及强度等级＿＿＿＿＿＿＿＿＿＿＿＿ ,水泥密度＿＿＿＿＿＿ ;

砂子种类＿＿＿＿ ,砂子细度模数＿＿＿＿ ,砂子表观密度＿＿＿＿＿＿ ;

石子种类＿＿＿＿ ,石子最大粒径＿＿＿＿ ,石子表观密度＿＿＿＿＿＿ 。

三、设计计算

四、设计成果

水　灰　比 _____ ；

单位用水量 _____ ；

砂　　　率 _____ 。

混凝土配合比：

水泥∶砂子∶石子∶水 = 1∶_____∶_____∶_____ 。

试拌_____ L混凝土材料用量：

水泥　 = _____ ；

水　　 = _____ ；

砂子　 = _____ ；

石子　 = _____ 。

试验六 混凝土拌合物和易性、表观密度试验

一、试验目的

二、试验记录

附表 6-1 混凝土拌合物和易性试验(坍落度法)试验记录与结果处理表

试验日期			温度(℃)			相对湿度(%)		
初步配合比的配料拌和试验	拌和量(L)		原材料用量(kg)					
			水泥	水	砂	石子	掺合料	外加剂
	和易性评定	实测坍落度(mm)	第一次测值		第二次测值		平均值	
		黏聚性评价						
		保水性评价						
和易性调整试验	调整量(kg)	调整次数	水泥	水	砂	石子	掺合料	外加剂
		第 1 次调整						
		第 2 次调整						
		第 3 次调整						
	调整后用量(kg)							
	和易性评定	实测坍落度(mm)	第一次测值		第二次测值		平均值	
		黏聚性评价						
		保水性评价						
	实测表观密度 ρ_{ct}(kg/m³)							
基准配合比 (kg/m³)			水泥	水	砂	石子	掺合料	外加剂
			1					

试验者:　　　　记录者:　　　　　　校核者:　　　　　日期:

附表 6-2　混凝土拌合物表观密度试验记录与结果处理表

序号	容量筒的容积 V_0(L)	容量筒的质量 m_1(kg)	试样和容量筒的总质量 m_2(kg)	试样质量 m_2-m_1 (kg)	实测表观密度 $\rho_{c,t}$(kg/m³)	
					单次测值	平均值

试验者：　　　　　记录者：　　　　　校核者：　　　　　日期：

三、分析及讨论

(满足和易性要求的混凝土配合比,表观密度)

试验七　　混凝土抗压强度测定

一、试验目的

二、试验记录

附表 7-1　混凝土立方体抗压强度试验记录与结果处理表

试验日期			龄期(d)			承压面积 $A(\text{mm}^2)$	
强度校核及试验室配合比的确定	水灰比	试件编号	破坏荷载（N）	尺寸换算系数	立方体抗压强度(MPa)		
					单块值	试验结果	

强度校核及试验室配合比的确定	配合比调整	水灰比插值	调整后的用量(kg/m³)						表观密度计算值 ρ_{cc} (kg/m³)
			水泥	水	砂	石子	掺合料	外加剂	
	配合比校正	校正系数 δ	校正后的用量(kg/m³)						
			水泥	水	砂	石子	掺合料	外加剂	
	试验室配合比 (kg/m³)		水泥	水	砂	石子	掺合料	外加剂	

试验者：　　　　　　记录者：　　　　　　校核者：　　　　　　日期：

三、分析及讨论

（混凝土28d强度及是否满足设计要求等）

试验八　　石油沥青三大指标试验

一、试验目的

二、试验记录

附表 8-1　沥青针入度试验记录表

沥青品种：　　　　　　　　试验室环境温度：　　　　　　　　试验室环境湿度：

试验温度 （℃）	试验针荷重 （g）	贯入时间 （s）	刻度盘 初读数	刻度盘 终读数	针入度（0.1 mm）	
					测定值	平均值

试验者：　　　　　　记录者：　　　　　　校核者：　　　　　　日期：

附表 8-2　沥青延度试验记录表

沥青品种：　　　　　　　　试验室环境温度：　　　　　　　　试验室环境湿度：

试验温度 （℃）	试验速度 （cm/min）	测定值 （cm）	平均值 （cm）
结　论			

试验者：　　　　　　记录者：　　　　　　校核者：　　　　　　日期：

附表 8-3　沥青软化点试验记录表

沥青品种及编号：　　　　加热介质:水(甘油)　试验室环境温度：　　　　试验室环境湿度：

起始温度 （℃）	烧杯中液体温度上升记录（℃）															软化点 （℃）	平均值 （℃）
	1 min 末	2 min 末	3 min 末	4 min 末	5 min 末	6 min 末	7 min 末	8 min 末	9 min 末	10 min 末	11 min 末	12 min 末	13 min 末	14 min 末	15 min 末		
备注																	

试验者：　　　　　　记录者：　　　　校核者：　　　　　　　日期：

三、分析及讨论